浙江省普通高校“十三五”新形态教材

普通物理实验简明教程

主编
李慧军
副主编
金林枫　黄秋萍　陆肖励　路俊哲　穆林平
俞世钢　陈　骏
参编
王　晨　马荣荣　刘蕴涛　吕振超　江金兰
康东彪　邹艳波　邬汝宽　宋燕平　郑建龙
何　绿　帕尔哈提江·吐尔孙

PUTONG WULI SHIYAN JIANMING JIAOCHENG

中国教育出版传媒集团
高等教育出版社·北京

内容简介

本书是根据教育部高等学校大学物理课程教学指导委员会编制的《理工科类大学物理实验课程教学基本要求》(2023年版),在浙江师范大学物理实验教学中心多年物理实验教学实践的基础之上编写而成的,融入了物理系实验教师与实验技术人员多年的物理实验教学创新成果。全书共分为3大篇,包括了力学、热学、电磁学、光学的基础性物理实验与设计性实验,共计36个实验。本书所涉及的实验内容均经过精心挑选设计,使得学生可以全面了解基础性的知识,又可以通过实验学习加深对概念的了解。本书配有相关实验课程电子教案、课程视频,部分操作复杂的实验的操作视频,学生可以提前预习,并可通过完成课前题目加深对实验内容的理解,教材中的补充材料可扩展学生的视野。

本书既可作为理工科各专业学生学习大学物理实验课程的教学用书,也可作为大学生物理实验竞赛的参考用书,亦可供社会读者参考。

图书在版编目(CIP)数据

普通物理实验简明教程 / 李慧军主编;金林枫等副主编. --北京:高等教育出版社,2023.11(2025.12重印)

ISBN 978-7-04-061282-0

Ⅰ. ①普… Ⅱ. ①李… ②金… Ⅲ. ①普通物理学-实验-高等学校-教材 Ⅳ. ①O4-33

中国国家版本馆CIP数据核字(2023)第192307号

策划编辑 缪可可　责任编辑 王 硕　封面设计 李小璐　版式设计 李彩丽
责任绘图 黄云燕　责任校对 马鑫蕊　责任印制 赵 佳

出版发行 高等教育出版社
社 址 北京市西城区德外大街4号
邮政编码 100120
印 刷 大厂回族自治县益利印刷有限公司
开 本 787mm×1092mm 1/16
印 张 9.5
字 数 240千字
购书热线 010-58581118
咨询电话 400-810-0598
网 址 http://www.hep.edu.cn
http://www.hep.com.cn
网上订购 http://www.hepmall.com.cn
http://www.hepmall.com
http://www.hepmall.cn
版 次 2023年11月第1版
印 次 2025年12月第4次印刷
定 价 24.00元

物 料 号 61282-00

前　言

大学物理实验课程是理工科大学生的公共必修课，也是学生进入大学后系统接受实验方法和技能训练的开端，可为后续实践课程的开展打下坚实基础。通过该课程的学习，学生不仅可学习专业知识和技能，更能训练敏锐的观察力和严密的思维能力，具备发现、分析、解决问题的能力，同时具备与最新科技发展相适应的综合能力和创新精神。近年来，随着线上线下教学的普及，将新形态教学手段引入实验教学势在必行，而编写适合该教学形式的教材成为时代发展的必然需求。

2019 年，浙江师范大学为了加快物理学国家一流专业和省重点物理教学示范中心建设，实验课程的线上教学资源、教材建设被列入规划。同年，“大学物理实验”课程获浙江省第三批精品在线开放课程立项，开始了线上教学资源建设。2020 年，教材列入浙江省本科院校“十三五”新形态建设项目。在高等教育出版社的大力支持下，教材编写组结合现有的仪器设备，开始整理一直使用的实验讲义，于 2021 年正式开始编写，编写过程中得到了山西师范大学、新疆师范大学、浙江广厦建设职业技术大学、浙江师范大学行知学院等院校部分老师的支持与帮助。

本书由李慧军老师担任主编，他负责教材的整理和统稿工作。全书共分三部分，第一部分包括力学、热学的 12 个实验，主要由黄秋萍老师负责编写；第二部分包括电磁学的 12 个实验，主要由金林枫老师负责编写；第三部分是光学的 12 个实验，主要由陆肖励老师负责编写。陆俊哲、穆林平、俞世钢、陈骏、王晨、马荣荣、刘蕴涛、吕振超、江金兰、康东彪、邹艳波、邬汝宽、宋燕平、郑建龙、何绿、帕尔哈提江·吐尔孙等老师也参与了各部分的编写，全书的校对工作由大家共同完成。书中的部分视频由邬汝宽老师录制。

本书的特色体现在以下几个方面：

1. 全书每一部分的前 10 个实验均以验证性实验为主，其他是设计性实验。在每个实验中，均设计有拓展或提高性环节，为学有余力的学生提供便利，也为教师实施分层分类教学提供参考。

2. 每部分都有育人元素的融入，具体包括：经典阅读材料的收集与整理、测量方法的巧妙设计与应用、最新实验技术在现实生活中应用的展示、关键实验技术在最新高科技领域的拓展和应用等。

3. 在每一章节，编者均针对实验的关键步骤或重点内容编制了思考题，助力学生对实验技术、重点知识、数据处理技巧等的深入理解，在训练学生动手能力的同时，更好地提升学生的思辨能力。

4. 针对每一个实验的易错环节与关键环节，我们均编制了 5 道线上选择题，在学生完成后系统可实时批改。根据批改结果，教师可针对性地进行指导，为学生顺利完成实验提供及时帮助。

5. 书中的每个章节都有实验讲解视频与操作视频的二维码，极大地方便了学生的课前自主学习。当遇到一些复杂的实验操作时，学生可通过多次观看视频，满足个性化需求。

总之，编者从实验室现有条件出发，以服务学生自主学习为导向，方便教师指导实验为目的，编制了各个实验的内容与思考题，设计了实验讲解与操作的课件，并录制了相应的视频。

由于编者水平有限，书中难免存在不足与疏漏之处，望得到大家的批评指正。关于二维码素材的补充和完善，还望得到广大读者和同仁的关心和支持，我们一定会不懈努力。

编　者

2023 年 4 月于金华

目　　录

绪论　误差、不确定度与数据处理

物理实验不仅要定性观察物理现象，更重要的是要定量测量物理量，并寻求各物理量之间的内在联系.

受测量仪器、方法、条件、人员等诸多因素影响，我们无法精确测量物理量，即测量中不可避免地存在误差. 没有误差的基本知识，就无法得到正确测量值；不会计算测量结果的不确定度，就不能正确表达和评价测量结果；不会处理数据或处理方法不当，就得不到正确的实验结果.

本章节主要从实验教学的角度，介绍测量、误差、有效数字、不确定度、基本测量方法、数据处理等基本知识.

一、测量、误差、有效数字

测试题

所谓测量，就是由测量者采取某种测量方法、用某种测量仪器将待测量与标准量进行比较. 例如，测量一个铁球的质量，可以将铁球（待测物）放在天平（测量仪器）一侧，把适量的砝码（其质量为标准量）放在另一侧，适当调节而使两侧平衡（测量方法），即可得到待测物的质量，即待测量.

一个待测物理量的大小，在客观上应该有一个真实的数值，叫做“真值”，这是一个理想的概念. 由于测量方法、测量仪器、测量条件及观测者（测量者）误差等种种问题，实际测得的数值——测量值只能是一个真值的近似值. 测量值与真值之间的差值称为误差.

测量误差主要分为系统误差、随机（偶然）误差和粗大（过失）误差三类.

(1) 系统误差：在同一条件下（同一测量方法、仪器、环境、观测者）多次测量同一物理量时，其绝对值和符号保持不变，或者在条件改变时按一定规律变化的误差. 其来源有：仪器误差、方法误差、环境误差、观测者误差. 对于系统误差，我们需要采取一定的方法消除它的影响，或者对结果进行修正.

比如用千分尺测小钢球直径时，千分尺的初始读数就属于仪器的系统误差，实验时我们应对测得的直径值进行修正，消除仪器产生的系统误差.

又比如测薄透镜焦距时，薄透镜安装在透镜支架上，透镜有一定的厚度，透镜支架也有厚度，透镜厚度的中心与支架的中心没有完全重叠，这样导致透镜位置数据存在偏差，这个偏差就属于仪器的系统误差. 将支架连同透镜一起转 180°，再测量一次，就可以消除这种透镜与透镜支架偏心的系统误差.

(2) 随机（偶然）误差：在同一条件下多次测量同一物理量时，测量结果一般不完全相同，有多项偶然因素综合引起的误差. 随机误差的特征是随机，无法预计某次测量随机误差的大小和正负,然而,这种似乎没有规律的偶然现象却服从统计规律.在测量时,可以通过多次测量来减小随机误差.

比如用米尺测圆管的长度时,不同测量者的估读会有所不同,这与测量者的熟练程度、所处的位置等因素有关,我们可以通过重复测量取平均值的方式来减小实验的随机误差.

又比如测薄透镜焦距时,需要将物体通过透镜在白屏上成清晰的像,判别清晰的像的位置时,会有偶然误差.可以通过重复多次找清晰像位置的方法(即重复实验),来减小偶然误差.

(3) 粗大(过失)误差:由于实验装置错误、仪器操作错误、读数错误、计算错误等原因,造成的测量值偏差,此时的测量结果为坏值,在数据处理时应剔除.粗大误差的特征是人为的,是可以避免的.

有效数字是指实际能够测量到的数字.实验测量涉及数据记录的有效数字、数据运算的有效数字等.一般情况下,测量结果的有效数字包括可靠的几位数字和可疑的一位数字.比如用毫米刻度尺测量书本的长度时,毫米刻度尺的最小刻度是 1 mm,结果是 256.4 mm,其中整数部分 256 mm 是可靠数字,0.4 mm 是可疑(估读)数字.数据运算时,数据的有效位数也需要保留到一位可疑数字.

二、测量结果不确定度的评定

1. 不确定度的概念

一切测量都存在测量误差,由于测量误差的存在而对被测量值不能确定的程度即测量的不确定度.一个完整的测量结果不仅要标明其测量值的大小,还要标明测量值的不确定度,以表明该测量结果的可信赖程度.在方法正确的情况下,不确定度越小,测量结果与真值越靠近,反之,不确定度越大,测量结果偏离真值的范围越大,可靠性越差.

目前,国际上普遍采用不确定度来表示测量结果的误差.我国从 1992 年 10 月开始实施的《测量误差及数据处理技术规范》中也规定了使用不确定度来评定测量结果的误差.

2. 不确定度的评定

不确定度的评定十分重要,以往各国对不确定度的表示和评定都有不同的规定,大大影响国际间的交流和合作.1992 年,国际标准化组织(ISO)发布了具有指导性的文件《测量不确定度表达指南》(以下简称《指南》),为世界各国不确定度的统一奠定了基础.1993 年,ISO 和国际理论物理与应用物理联合会(IUPAP)等七个国际权威组织又联合发布了《指南》的修订版.从此,物理实验的不确定度评定有了国际公认的准则.《指南》对实验测量的不确定度有十分严格而详尽的论述,作为大学物理实验教学,本书只要求对不确定度基本概念有初步的了解.

不确定度是表征测量结果具有分散性的一个参量,它是被测量的真值在某个量值范围内的一个评定.所谓"标准不确定度",是指以"标准偏差"表示的测量不确定度估计值,简称不确定度.不确定度的评定一般分为两类:A 类不确定度和 B 类不确定度.

(1) 不确定度的 A 类评定(u_A)

物理量被多次直接测量,由于偶然因素,测量值是分散的,从分散的测量值出发,用统计的方法评定的不确定度,就是 A 类不确定度,记为 u_A.

在相同条件下,对某个被测物理量 x 作 n 次重复测量,得到 n 个测量值 $x_1, x_2, x_3, \cdots, x_n$,那么测量值 x 的平均值为

$$\overline{x}=\frac{1}{n}\sum_{i=1}^{n}x_i$$

平均值 $\overline{x}$ 为物理量 x 的最佳值，用统计的方法评定不确定度，就是不确定度的 A 类评定，即 A 类不确定度：

$$u_A(\overline{x})=t\cdot\sqrt{\frac{\sum_{i=1}^{n}(x_i-\overline{x})^2}{n(n-1)}}$$

式中 t 称为“t 因子”，它与测量次数和“置信概率”有关. 所谓“置信概率”，是指真值落在 $\overline{x}\pm u_A(\overline{x})$ 范围内的概率. t 因子的数值可以根据测量次数和置信概率查表得到，当测量次数较少或置信概率较高时，$t>1$；当测量次数 $n\geqslant 10$ 且置信概率为 68.3%时，$t\approx 1$；在大学物理实验教学中，为了简便，一般取 $t=1$. 实验中，一般约定重复测量次数 $n=5$，置信概率为 0.683，$t=1$，即 A 类不确定度为

$$u_A(\overline{x})=\sqrt{\frac{\sum_{i=1}^{n}(x_i-\overline{x})^2}{n(n-1)}}$$

(2) 不确定度的 B 类评定(u_B)

B 类不确定度是指不能用统计方法得到的不确定度分量. 对某物理量 x 进行单次测量，那么 B 类不确定度由测量不确定度 $u_{B1}(x)$和仪器不确度 $u_{B2}(x)$两部分组成. 对某物理量 x 进行多次重复测量时，B 类不确定度只考虑仪器不确定度.

测量不确定度 $u_{B1}(x)$是由估读引起的，通常取仪器分度值 e 的$\frac{1}{10}$或$\frac{1}{5}$或$\frac{1}{2}$，视具体情况而定；特殊情况下，可取 $u_{B1}(x)=e$，甚至更大. 例如用分度值为 1 mm 的米尺测量物体长度时，在较好消除视差的情况下，测量不确定度可取仪器分度值的 1/10，即 $u_{B1}(x)=\frac{1}{10}\times 1\ \text{mm}=0.1\ \text{mm}$；但在示波器上读电压值时，如果荧光线较宽，且可能有微小抖动，则测量不确定度可取仪器分度值的 1/2，若分度值为 0.2 V，那么测量不确定度 $u_{B1}(x)=\frac{1}{2}\times 0.2\ \text{V}=0.1\ \text{V}$. 通常情况下，实验中进行单次测量时，测量不确定度 $u_{B1}(x)$一般约定取仪器分度值 e 的$\frac{1}{10}$即可.

仪器不确定度 $u_{B2}(x)$是由仪器本身的特性所决定的. 一般仪器说明书上都标明了它的“最大误差”或“不确定度限值”Δ，那么仪器不确定度 $u_{B2}(x)$为

$$u_{B2}(x)=\frac{\Delta}{c}$$

其中，c 是一个与仪器不确定度的概率分布特性有关的常量，称为“置信因子”. 仪器不确定度的概率分布通常有正态分布、均匀分布、三角形分布、反正弦分布以及两点分布等. 如果仪器说明书上只给出不确定度限值 Δ(即最大误差)，又没有关于不确定度概率分布的信息，一般用均匀分布处理，置信因子取 $c=\sqrt{3}$，仪器不确定度 $u_{B2}(x)$为

$$u_{B2}(x)=\frac{\Delta}{\sqrt{3}}$$

3. 不确定度的合成与传递

(1) 不确定度的合成

① 多次测量

在相同条件下，对物理量 x 进行重复测量，待测量 x 的不确定度 $u(x)$ 由 A 类不确定度 $u_A(x)$ 和仪器不确定度 $u_{B2}(x)$ 合成得到，即

$$u(x)=\sqrt{u_A^2(x)+u_{B2}^2(x)}$$

② 单次测量

对物理量 x 进行单次测量，待测量 x 的不确定度 $u(x)$ 由测量不确定度 $u_{B1}(x)$ 和仪器不确定度 $u_{B2}(x)$ 两部分合成得到，即

$$u(x)=\sqrt{u_{B1}^2(x)+u_{B2}^2(x)}$$

(2) 不确定度的传递

在间接测量时，待测量(间接测量量)由直接测量量通过计算得到. 设间接测量量 $y=f(x_1, x_2, x_3, \cdots, x_n)$，且 x_i 相互独立，则间接测量量 y 的平均值为 $\overline{y}=f(\overline{x}_1, \overline{x}_2, \overline{x}_3, \cdots, \overline{x}_n)$，其不确定度 $u(y)$ 的传递公式为

$$u(y)=\sqrt{\sum_{i=1}^{n}\left(\frac{\partial f}{\partial x_i}\right)^2 u^2(x_i)}$$

常用的不确定度传递公式如下：

① 对加减法，$y=x_1\pm x_2$，则有

$$u(y)=\sqrt{u^2(x_1)+u^2(x_2)}$$

② 对乘除法，$y=x_1\cdot x_2$ 或 $y=\dfrac{x_1}{x_2}$，则有

$$\frac{u(y)}{y}=\sqrt{\left[\frac{u(x_1)}{x_1}\right]^2+\left[\frac{u(x_2)}{x_2}\right]^2}$$

③ 对乘方，$y=x^n$，则有

$$\frac{u(y)}{y}=n\cdot\frac{u(x)}{x}$$

4. 测量结果的完整表示

作为测量结果的完整表示，除了给出待测量的最佳估计值，还要给出这个最佳估计值总的不确定度，测量结果的一般表达式为

$$x=\overline{x}\pm u(x)$$

其中，$\overline{x}$ 为待测物理量的最佳估计值(即算术平均值)，$u(x)$ 为待测物理量 x 的不确定度. 结果表示中的三部分内容[$\overline{x}$ 的数值，$u(x)$ 的数值，单位]缺一不可. 实验结果中也可以同时计算出相对不确定度 $E=\dfrac{u(x)}{\overline{x}}$ 或 $E=\dfrac{u(x)}{\overline{x}}\times 100\%$.

三、物理实验的基本测量方法

物理实验包括在实验室人为再现自然界的物理现象、寻找物理规律和对物理量进行测量及

数据处理三个方面.任何物理实验都离不开物理量的测量.物理量的测量是以一定的物理原理为依据,以一定的实验装置和实验技术为手段找出物理量的量值的过程.待测物理量可包括力学量、热学量、电磁学量和光学量等.物理量的测量方法非常多,这里介绍几种基本测量方法.

1. 比较法

比较法是物理量测量中最普遍、最基本的测量方法,它通过比较待测量与标准量得到待测量.比较法可以分为直接比较法和间接比较法.

(1) 直接比较法

直接比较法是将待测量与同类物理量的标准量具或标准仪器直接进行比较测出其量值的方法.例如,用米尺测量物体的长度就是直接比较测量.

常将直接比较法所用的测量量具称为直读式量具,例如测量长度所用的米尺、游标卡尺和千分尺,测量时间所用的秒表和数字毫秒计,测量电流所用的电流表,测量电压所用的电压表等.这些量具必须是预先经过标定的,测量结果可由仪器的指示值直接读出.

(2) 间接比较法

对于有些难以直接比较测量的物理量,需要通过物理量之间的函数关系将待测量与标准量进行间接比较,求出其大小.例如本书电磁学篇实验十四电子示波器的使用中用李萨如图形测量电信号频率,就是将待测频率的正弦信号与标准频率的正弦电信号分别输入示波器的两个偏转板,当两个信号的频率相同或成简单整数比时,利用形成的稳定的李萨如图形间接比较它们的频率,即根据李萨如图形交点数(n_x,n_y)与两信号频率(f_x,f_y)之比的关系 $n_x : n_y = f_x : f_y$,由标准信号频率求出被测信号的频率.

实际上,所有测量都是将待测量与标准量进行比较的过程,只不过有些比较的形式不是那么明显.

2. 放大法

实验中经常需要测量一些微小物理量,当待测量非常小,以至于无法被实验者或仪表直接检测和反映时,可以设计相应的装置或采用适当的方法将被测量放大,然后再进行测量.放大被测量所用的原理和方法有很多种,如螺旋放大法、累积放大法、光学放大法、电子学放大法等.

(1) 螺旋放大法

千分尺和读数显微镜都是利用螺旋放大法进行精密测量的.将与待测物关联的测量尺面与螺杆连在一起,螺杆尾端加上一个圆盘,称为轮盘.例如,在千分尺中,将轮盘边缘等分成 50 格,轮盘每转一圈,恰使测量尺面移动一个螺距 $h=0.5$ mm,相应地,轮盘转动一小格时,测量尺面就会移动 0.01 mm.若轮盘的尺寸比较大,如外径 $D=16$ mm,则周长 $L=\pi D\approx 50$ mm,轮盘边缘每一格的弧长相当于 1 mm 的长度,结果当测量尺面移动 0.01 mm 时,在轮盘上即变化了 1 mm,于是微小位移被放大了,其放大倍数为

$$E=\frac{\pi D}{h}=\frac{50\ \text{mm}}{0.5\ \text{mm}}=100$$

可见,采用这种装置后测量精度提高了 100 倍.

(2) 累积放大法

对一些微小量进行直接测量时,由于受到测量仪器精度的限制,测量误差会很大,若采用累积放大的方法进行测量,就可减小测量误差.

(3) 光学放大法

光学放大法分为视角放大和微小变化量(微小长度、微小角度)放大两种，放大镜、显微镜和望远镜等可以将被测物体放大成像的光学仪器都属于视角放大仪器，它们只是在观察中放大视角，并非放大实际尺寸，因此不会增加误差. 许多精密仪器都在最后的读数装置上添加一个视角放大装置以提高测量精度. 微小变化量放大的方法经常应用于光杠杆、光电检流计等装置中，可将被测微小物理量本身进行放大.

(4) 电子学放大法

在电学实验中，要对微弱电信号(电流、电压、功率等)进行有效的观察和测量，往往要对信号进行适当的放大处理. 采用适当的微电子电路和电子器件(如三极管、运算放大器等)很容易实现电信号的放大.

总之，放大法提高了实验的可观察度和测量精度，是物理实验中常见的基本测量方法.

3. 转换法

在实验中，有很多物理量，由于其自身属性，难以用仪器、仪表直接测量，或因条件所限，无法提高测量的准确度. 为此可以根据物理量之间的各种效应和它们之间的定量关系，把不易测量的物理量转换成可以测量的物理量进行测量，之后再转换为待测物理量，这种方法称为转换测量法.

由于物理量之间存在多种关系和效应，所以有多种不同的转换测量法，这恰恰反映了物理实验中最具启发性和开创性的一面. 科学实验不断地向高精度、宽量程、快速测量、遥感测量和自动化测量的方向发展，这一切均与转换测量紧密相关. 转换法一般可分为参量换测法和能量换测法两大类.

(1) 参量换测法

参量换测法就是利用物理量之间的相互关系，实现各参量之间的变换，以达到测量某一物理量的目的. 通常利用这种办法将一些不能直接测量的或不易测量的物理量转换成其他若干可直接测量或易测的物理量进行测量.

(2) 能量换测法

能量换测法就是利用物理学中的能量守恒定律以及能量具体形式上的相互转化规律进行转换测量的方法. 能量换测法的关键是传感器——把一种形式的能量转化成另一种形式的能量的器件. 能够接收由测量对象物理状态及其变化所发出的激励，并将此激励转化为适宜测量信号的能量转化装置称为传感器.

由于电磁学测量方便、迅速，易于实现，所以最常见的能量换测法是将待测物理量的测量转换为电学量的测量. 下面着重介绍几种典型的能量换测法.

① 热电换测：将热学量通过热电传感器转换为电学量的测量. 热电传感器的种类很多，它们虽然依据的物理效应各有不同，但都是利用了材料的温度特性. 例如利用材料的温差电动势，可将温度测量转换成对热电偶的温差电动势的测量. 也可利用材料电阻率随温度变化的特性，将温度测量转换成电阻测量.

② 压电换测：这是一种压力和电势间的转换，这种转换通常是利用压电效应材料制造的器件来实现的. 例如，将被极化的铁酸钡制成柱状器件，其极化方向为柱的轴向. 器件在极化方向上受压力而缩短时，柱状器件就会产生与极化方向相反的电场，据此，可将压力变化转换成为相应

的电压变化.传声器和扬声器也是人们所熟悉的一种压电换能器.

③ 光电换测:利用光电元件将光信号的测量转换为电信号的测量.利用光电效应制造的光电管、光电倍增管、光电池、光敏二极管、光敏三极管等光电器件都可以实现光电转换.光电传感器可分为光电导传感器、光电发射管、光电池等类型.

④ 磁电换测:利用电磁感应器件将磁学量的测量转换成电学量的测量.用于转换的元器件可分为半导体式和电磁感应式两类.常用的霍尔元件、磁敏电阻等典型的元件,可直接用于磁场的测量,也可以利用与磁学量的关系,将位置、速度、旋转、压力等非电学量信号转换成电学量测量.

4. 模拟法

在探求物质的运动规律和自然奥秘或解决工程技术问题时,经常会碰到一些特殊情况,如研究对象过分庞大或微小,或者非常危险,或者变化非常缓慢等,以至于难以对研究对象进行直接测量,此时可依据相似理论,人为构建一个类同于被研究对象的物理现象或过程的模型,通过对模型的测试代替对实际对象的测试来研究变化规律,这种方法称为模拟法.模拟法可分为物理模拟和数学模拟两大类.

(1) 物理模拟

人为制造的“模型”和实际“原型”有相似的物理过程和相似的几何形状,以此为基础的模拟方法即物理模拟.例如,为了研究高速飞行的飞机上各部位所受的力,人们首先制造一个与原型飞机几何形状相似的模型,将模型放入风洞,创造一个与实际飞机在空中飞行完全相似的物理过程,通过对模型飞机受力情况的测试,便可以在较短时间、方便空间、较小代价的情况下获得可靠的试验数据.空间技术科学发展过程中的许多试验工作都是首先在实验室中进行模拟试验,在取得初步结果后,再通过发射人造地球卫星完成进一步的试验.物理模拟具有生动形象的直观性,并可使观察的现象反复出现,因此具有广泛的应用价值,尤其是对那些难以用数学方程式准确描述的对象进行研究时,常常采用物理模拟的方法.

(2) 数学模拟

模型和原型遵循相同的数学规律,但在物理实质上毫无共同之处,这种模拟方法称为数学模拟,又称类比.例如恒定电流场和静电场是本质不同的场,但是描述它们性质的数学方程式具有相同的形式,依据相似性原理,就可以通过测量恒定电流场的电势分布来模拟难以直接测量的静电场电势分布.

随着计算机的不断发展和广泛应用,人们可以通过计算机模拟实验过程,从而预测可能的实验结果.这是一种新的模拟方法——人工智能模拟,它属于计算物理的研究范畴.

模拟法虽然具有上述的许多优点,但也有很大的局限性.因为它仅能解决可测性问题范畴,并不能提高实验精度.

以上分别介绍了几种典型的实验方法,在具体的科学实验中,往往是把各种实验方法综合使用,只有深刻理解各种实验方法的基本思想,不断积累实验知识和经验,才能在实际工作中对其灵活应用.

四、实验数据的相关处理——制表、作图与拟合

实验过程中记录的原始数据一般要经过适当的处理和计算后,才能反映出真实物理量的变

化规律，这个过程称为实验数据处理.下面介绍几种常用的数据处理方法.

1. 制表

在物理实验的测量和计算中，常要将数据记录在表格中，便于整理、计算、作图或拟合(参见表 0-1).制表一般应注意如下事项：

表 0-1 测量一个圆柱体样品的密度

测量次数	1	2	3	4	5	平均值	U_A
直径 D/cm							
长度左端 h_1/cm							
长度右端 h_2/cm							
长度 $h(=h_1-h_2)$/cm							

样品的质量 $m=$__________g；室温 $T_r=$__________℃；湿度 $\eta=$__________%.

(1) 制表前，应先明确实验中要测哪些物理量，哪些是直接读出的、哪些是通过计算得出的，哪些量宜先测、哪些量宜后测，哪些量只要测一次、哪些量要多次测量求平均.(多次测量时，一般应在 10 次以上，但因课时有限，可取 5 次.)

(2) 制表时，应合理安排各待测量在表格中的位置.一般可先列出直接读出量，再列计算得出量；先列先测量，后列后测量：让自变量与因变量在表中一一对应.如果预先可以确定自变量的变化范围和取值，则可按自变量的值由小到大或由大到小在表中预先写好.

(3) 任一物理量都是数值与单位的合成，在表格中常用物理量与单位的比值来表示，如表 0-1 的第一列所示，其中 D/cm 表示物理量 D 的单位是 cm，依此类推.

(4) 表中各符号所代表的意义都应有相应的说明(如表 0-1 中的直径、长度等，但不一定写在表格中).

(5) 不同的物理量之间应用线条加以区分，如表 0-1 中各横线所示.物理量与数据之间也应用线条加以区分，如表 0-1 中第 1 竖线所示.

(6) 测量量与计算量应明确区分，如表 0-1 中第 6、第 7 竖线所示.计算量应注明计算公式(不一定写在表格中).

2. 利用作图法处理实验数据

在物理实验中，为了清晰地看到物理量之间的定性关系，或方便地比较不同的物理特性，需要用作图法来直观地显示物理量之间的关系，有时作直线拟合，有时还要作曲线拟合.作图法是研究物理量之间变化规律的重要手段.作图法一般应遵守如下规则：

(1) 作图用纸一般应采用标准坐标纸.图纸的大小应能反映物理量的有效数字；作图区域应占图纸的一半以上.例图：电阻与温度的关系，如图 0-1 所示.

(2) 取自变量为横坐标(向右增大)；取因变量为纵坐标(向上增大).画出纵、横坐标轴，并与图纸上印的线条密切重合，但坐标轴不一定取图纸所印表格的边线，坐标轴的标度值不一定从零开始.

(3) 根据自变量(及因变量)的最低值与最高值，选取合适的作图比例，应取图纸上的 1 格所表示的原数据的量值变化为 1、2、5 等数(或它们的十进倍率).

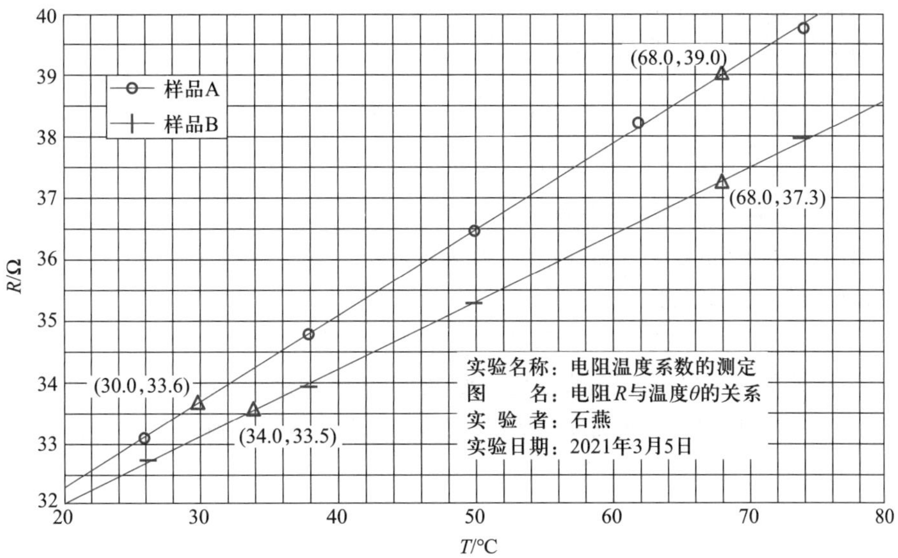

图 0-1　作图法分析示意图

(4) 每隔相同距离，沿轴画一垂直于轴的短线（称为标度线），并在其附近注以标度值. 标度值的位数不必取实验数据中的全部有效数字位数，例如 2.50 只标 2.5 即可.（一般在各坐标轴上可标 5～10 个标度值.）

(5) 对每一个坐标轴，要标明物理量的名称及单位符号.（标注的方法与表格相同.）

(6) 数据点要用端正的"+"或"⊙"等符号来表示. 数据点应在符号的中心，符号的大小应相当于不确定度的大小；但为简单起见，也可统一取 2～3 mm. 在一张图纸上作多条曲线时，不同的数据组应使用不同的符号来表示，并在图中适当位置说明不同符号的意义. 求斜率时取点的符号应采用有别于这些数据点的符号，例如用正三角形"△"，并在其旁标以坐标（坐标值应正确写出有效数字）；求斜率时所取点的位置应靠近直线的两端，为计算方便起见，可选取横坐标为整数.

(7) 拟合直线或曲线的线条务必匀、细、光滑. 不通过图线的数据点应均匀地分布在图线的两侧，且尽量靠近图线.

(8) 在实验报告的图纸中，应写上实验名称、图名、姓名、日期. 图纸上的中英文及数字等均需书写端正.

以上规则是针对用手工作图的. 当然也可以借助计算机作图，那么有些规则（如数据点在符号的中心，线条匀、细、光滑，书写端正等）是自动满足的. 虽然计算机可以任意取比例，使曲线（或直线）充满图纸，但实验作图时不宜采用这种方法. 两标度线间的量值变化仍应取 1、2、5 及其十进倍率为佳，因为只有这样，才方便使用者读图.

3. 用最小二乘法进行数据拟合

若两物理量 x、y 满足线性关系，并由实验测得一组数据（x_i，y_i；$i=1,2,\cdots,n$），如何作出一条符合所得数据的最佳直线，以反映上述两变量间的线性关系呢？除用作图法进行拟合外，常用的还有最小二乘法.

最小二乘法认为：若最佳拟合直线 $y=f(x)$，则所测各 y_i 值与拟合直线上相应的各估计值 $\overline{y}_i=f(x_i)$ 之间偏差的平方和为最小，即

$$s=\min\left[\sum_{i=1}^{n}(y_i-\overline{y}_i)^2\right] \tag{0-1}$$

因为测量总是有不确定度存在，所以在 x_i 和 y_i 中都含有不确定度. 为讨论简便起见，不妨假设各 x_i 的值是准确的，而所有的不确定度都只与 y_i 相关. 这样，若由 $\overline{y}_i=f(x_i)$ 所确定的值与实际测得值 y_i 之间的偏差平方和最小，也就表示最小二乘法所拟合的直线是最佳的.

一般，可将直线方程表示为

$$y=mx+b \tag{0-2}$$

式中 m 是待定直线的斜率，b 是待定直线的 y 轴截距. 如果确定了这两个参量，该直线也就确定了，所以解决直线拟合的问题也就变成由所给实验数据组 (x_i, y_i) 来确定 m、b 的过程. 将式(0－2)代入式(0－1)得

$$s(m,b)=\sum_{i=1}^{n}(y_i-mx_i-b)^2\to\min \tag{0-3}$$

所求的 m 和 b 应是下列方程组的解：

$$\frac{\delta s}{\delta m}=-2\sum(y_i-mx_i-b)x_i=0$$

$$\frac{\delta s}{\delta b}=-2\sum(y_i-mx_i-b)=0$$

其中 $\sum$ 表示 i 从 1 到 n 求和. 将上式展开，消去未知数 b，可得

$$m=l_{xy}/l_{xx} \tag{0-4}$$

式中：

$$l_{xy}=\sum(x_i-\overline{x})(y_i-\overline{y})=\sum(x_iy_i)-\frac{1}{n}\sum x_i\sum y_i,$$

$$l_{xx}=\sum(x_i-\overline{x})^2=\sum x_i^2-\frac{1}{n}\left(\sum x_i\right)^2$$

将求得的 m 值代入方程组，可得

$$b=\overline{y}-m\overline{x} \tag{0-5}$$

至此，所需拟合的直线方程 $y=mx+b$ 就被唯一地确定了. 由最终结果不难得到，最佳配置的直线必然通过 $(\overline{x},\overline{y})$ 这一点. 因此在图中作的拟合直线必须通过该点.

为了检验拟合直线是否有意义，在数学上引入相关系数 r，它表示两变量之间的函数关系与线性函数的符合程度，具体定义为

$$r=\frac{l_{xy}}{\sqrt{l_{xy}\cdot l_{yy}}}b=\overline{y}-m\overline{x} \tag{0-6}$$

式中 l_{yy} 的计算方法与 l_{xx} 类似. r 的值越接近 1，表示 x 和 y 的线性关系越好；若 r 趋于 0，就可以认为 x 和 y 之间不存在线性关系.

在物理实验中，很多情况下所测得的两个物理量 x、y 之间的关系符合某种曲线方程，而非直线方程. 这时，可对曲线方程作一些变换，引入新的变量，从而将不少曲线拟合的问题转化为直

线拟合问题.

如曲线方程为 $y=ax^m$，可将等式两边取自然对数，得 $\ln y=m\ln x+\ln a$. 再令 $Y=\ln y$，$X=\ln x$，$b=\ln a$，即可将幂函数转化成线性函数 $Y=mX+b$.

又如曲线方程为 $y=a\mathrm{e}^{mx}$，同样可将等式两边取自然对数，得 $\ln y=mx+\ln a$. 再令 $Y=\ln y$，$b=\ln a$，即可将指数函数转化成线性函数 $Y=mX+b$.

现在许多计算机软件如 Excel、Origin、MATLAB 等都具有数据分析和拟合的功能. 在实验的数据处理中，可利用计算机进行处理，不必进行烦琐的手工计算.

第一部分

力学、热学篇

测试题

实验一　密度的测量

密度是物质的基本属性之一，在生产和科学实验中，为了分析材料成分、鉴定材料纯度，需对各种材料的密度进行测定. 不同类型的物质需要不同的密度测量方法，密度的测量对研究物质的性质具有重要的意义.

一、实验目的

1. 熟悉物质密度的测量方法.
2. 掌握游标卡尺、千分尺及物理天平的正确使用方法.
3. 掌握不确定度的概念，学会用误差理论处理实验数据.

二、实验仪器

物理天平

米尺、游标卡尺、千分尺、物理天平、烧杯、比重瓶、漏斗、温度计及待测样品（中空圆柱、实心球体等）.

三、实验原理

实验原理

1. 固体密度的测量

（1）规则固体密度的测量

① 中空圆柱

假设中空圆柱的质量为 m，圆柱的内外直径分别为 d_1、d_2，高为 h，则圆柱的体积为 $V=\frac{1}{4}\pi(d_2^2-d_1^2)\cdot h$，根据固体的密度公式 $\rho=\frac{m}{V}$，中空圆柱的密度为

$$\rho=\frac{m}{V}=\frac{4m}{\pi(d_2^2-d_1^2)h} \tag{1-1}$$

实验时可用物理天平测中空圆柱的质量 m，用游标卡尺测其内外直径 d_1、d_2，用米尺测圆柱的高 h，根据式(1-1)，即可计算出中空圆柱的密度 ρ.

② 实心球体

假设实心小钢球的质量为 m，直径为 d，则小钢球的体积为 $V=\frac{1}{6}\pi d^3$，根据固体的密度公式 $\rho=\frac{m}{V}$，实心小钢球的密度为

$$\rho=\frac{m}{V}=\frac{6m}{\pi d^3} \tag{1-2}$$

实验时用物理天平测定小钢球的质量 m，用千分尺测定小钢球的直径 d，根据式(1-2)，即可计算出小钢球的密度 ρ.

(2) 不规则固体密度的测量

假设不规则金属块的质量为 m，体积为 V，则金属块的密度 $\rho=\frac{m}{V}$，由于金属块外形不规则，不能由外形尺寸通过体积公式计算获得体积 V 的值. 对于不规则固体体积 V 的测量，最简单的方法是由量筒直接测定，但量筒测量的准确度相对较低，本实验采用准确度较高的一种方法——静力称衡法，如图 1-1 所示.

假设被测金属块在空气中的质量为 m_1，用细丝将其悬吊在水中的称衡值为 m_2，假设水在当时温度下的密度为 ρ_w，金属块的体积为 V，根据阿基米德定律：

$$\rho_w gV=(m_1-m_2)g \tag{1-3}$$

g 为当地重力加速度，整理后得

$$V=\frac{m_1-m_2}{\rho_w} \tag{1-4}$$

则金属块的密度为

$$\rho=\rho_w\frac{m_1}{m_1-m_2} \tag{1-5}$$

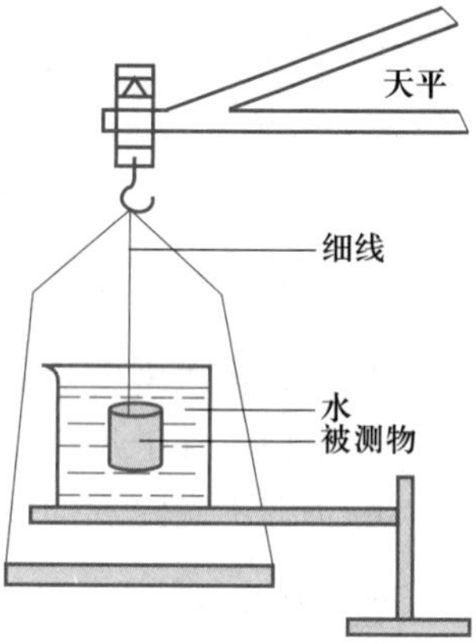

图 1-1　静力称衡法原理图

2. 液体密度的测量(选做)

实验室所用的比重瓶如图 1-2 所示，瓶塞中间有一毛细管，当瓶中注满被测液体后，多余的液体会通过瓶塞中的毛细管溢出，这样瓶内的液体体积是一个固定值，同时应将比重瓶外的液体擦干，以保证测量的准确.

假设空比重瓶的质量为 m_1，充满密度为 ρ 的被测液体时的质量为 m_2，充满同温度的蒸馏水时的质量为 m_3，假设水在当时温度下的密度为 ρ_w，则：

$$\rho=\rho_w\frac{m_2-m_1}{m_3-m_1} \tag{1-6}$$

图 1-2　比重瓶

四、实验内容

1. 规则固体密度的测量

① 中空圆柱

熟悉物理天平的使用方法，用物理天平测量中空圆柱的质量 m，用游标卡尺测量圆柱的内外直径 d_1、d_2，用米尺测量圆柱的高 h，数据记录见表 1-1.

表 1-1　中空圆柱的数据记录表

n	1	2	3	4	5	6
m/g						
d_1/mm						

续表

n	1	2	3	4	5	6
d_2/mm						
h/mm						

根据以上数据计算中空圆柱的密度.

② 实心球体

用物理天平测量实心小钢球的质量 m，用千分尺测量小钢球的直径 d，数据记录见表 1－2.

表 1－2　实心小钢球的数据记录表

n	1	2	3	4	5	6
m/g						
d/mm						

根据以上数据计算实心小钢球的密度.

2. 不规则固体密度的测量(静力称衡法)

用物理天平测出不规则金属块在空气中的质量 m_1，金属块悬吊在水中的称衡值为 m_2，数据记录见表 1－3(查出室温下水的密度 ρ_w).

表 1－3　不规则金属块的数据记录表

n	1	2	3	4	5	6
m_1/g						
m_2/g						

根据以上数据计算不规则金属块的密度.

3. 液体密度的测量(选做)

用物理天平测出空的比重瓶的质量 m_1，当比重瓶中充满密度为 ρ 的待测液体时总质量为 m_2，当比重瓶中充满同温度的蒸馏水时总质量为 m_3，数据记录见表 1－4.

表 1－4　测量液体密度的数据记录表

n	1	2	3	4	5	6
m_1/g						
m_2/g						
m_3/g						

记录实验室的温度，并根据以上数据计算当前室温下待测液体的密度.

五、注意事项

1. 熟悉物理天平的操作规则，横梁抬起时不能进行取放物体、加减砝码、移动游码、调节调平螺丝等操作，以免损坏刀口.

2. 测直径要作交叉测量，即在同一截面上，在相互垂直的方向各测一次.

3. 测定物体在空气中的质量时要保持物体洁净、干燥.

物理始于测量

六、思考题

1. 怎样用物理天平测定比水轻的不规则固体的密度？

2. 设计一个测量小粒状固体密度的方案.

实验二　用单摆法测重力加速度

重力加速度是物理学中的一个重要常量，其值会随纬度和海拔高度的不同而不同. 准确测量不同地区的重力加速度在科学研究、社会发展和国防建设等方面都具有十分重要的意义. 目前能够准确测量重力加速度的方法有很多种，本实验采用单摆法测定重力加速度.

一、实验目的

1. 练习使用电子秒表和米尺测单摆的周期和摆长.
2. 掌握用单摆测定重力加速度的方法.
3. 考查单摆的系统误差对测量重力加速度的影响.

二、实验仪器

单摆装置、电子秒表、钢卷尺、游标卡尺等.

三、实验原理

实验原理

将一根不可伸长的细线上端固定，下端挂一质量为 m 的小球（小球的质量远大于细线的质量，小球的直径远小于细线的长度），将小球从平衡点稍微拉开一点距离（如图 2-1 所示，摆角 $\theta<5°$），松手后小球在重力作用下在竖直平面内做往复周期性摆动，这种装置就叫单摆.

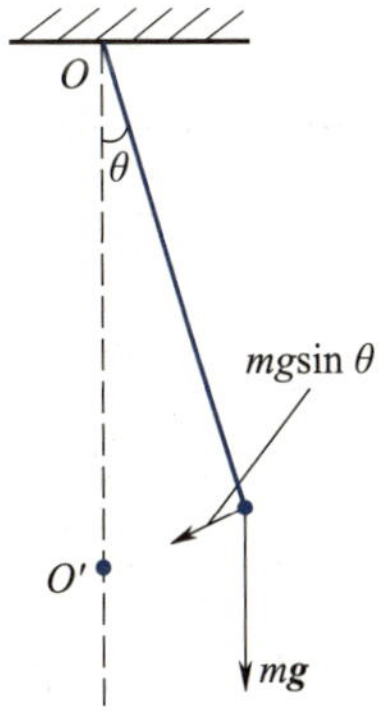

图 2-1　单摆

假设小球的质量为 m，其质心到单摆支点 O 的距离为 l（摆长）. 作用在小球上的切向力大小为 $mg\sin\theta$，它总指向平衡点 O'. 当 θ 角很小时，有 $\sin\theta\approx\theta$，切向力大小近似为 $mg\theta$，根据牛顿第二定律与 $v=\frac{\mathrm{d}s}{\mathrm{d}t}=l\frac{\mathrm{d}\theta}{\mathrm{d}t}$，质点的运动方程为

$$ma_{切}=m\frac{\mathrm{d}v}{\mathrm{d}t}=ml\frac{\mathrm{d}^2\theta}{\mathrm{d}t^2}=-mg\sin\theta\approx-mg\theta$$

整理可得

$$\frac{\mathrm{d}^2\theta}{\mathrm{d}t^2}+\frac{g}{l}\theta=0 \tag{2-1}$$

这是一个典型的简谐振动方程，故小球做简谐振动，该简谐振动的角频率为 $\omega=\sqrt{\frac{g}{l}}$，由此可得

$$T=2\pi\sqrt{\frac{l}{g}} \tag{2-2}$$

所以：

$$g=4\pi^2\frac{l}{T^2} \tag{2-3}$$

从上面两式可知：单摆的周期只与摆长和重力加速度有关，所以用单摆法来测定重力加速度只需测出单摆的摆长和周期. 单摆的摆长为摆线的支点到小球球心的距离，当固定单摆的摆长时，通过测量单摆的周期就可以求得当地的重力加速度. 实验时，测量单摆的一个周期相对误差较大，一般是测量连续摆动 n 个周期的时间 t，单摆的周期 $T=\frac{t}{n}$，代入式(2-3)得

$$g=4\pi^2\frac{n^2l}{t^2} \tag{2-4}$$

由于 π 和 n 不考虑误差，因此 g 的不确定度传递公式为

$$u(g)=g\sqrt{\left[\frac{u(l)}{l}\right]^2+\left[2\frac{u(t)}{t}\right]^2} \tag{2-5}$$

从上式可以看出，在 $u(l)$、$u(t)$ 大体一定的情况下，增大 l 和 t 对测量 g 有利.

四、实验内容

1. 固定单摆的摆长，测定当地的重力加速度

(1) 测定摆长

取摆长约 1 m，如图 2-2 所示：用带刀口的钢卷尺测量摆线支点 O 到小球最低点的距离 $L=x_2-x_1$，用游标卡尺测出小球的直径 d，则摆长为

$$l=L-\frac{d}{2}=x_2-x_1-\frac{d}{2} \tag{2-6}$$

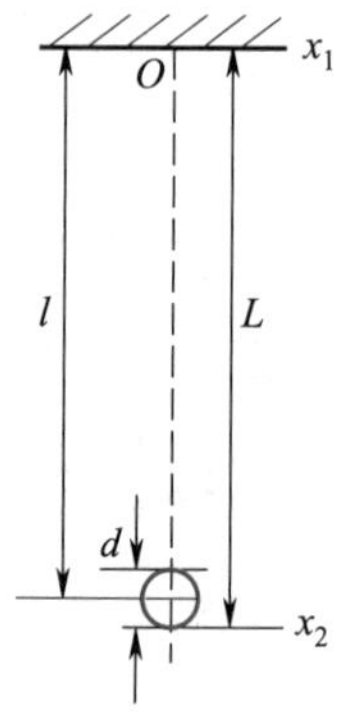

图 2-2　摆长示意图

数据记录见表 2-1.

表 2-1　单摆摆长记录表

n	1	2	3	4	5
d/mm					
x_1/mm					
x_2/mm					
l/mm					

(2) 测定单摆摆动的时间

单摆做小角度摆动(摆角 $\theta<5°$)，待摆动稳定后，用电子秒表测量小球摆动 50 个周期(即 $n=50$)所用的时间 t，数据记入表 2-2：

表 2-2　单摆摆动时间记录表

n	1	2	3	4	5
t/s					

(3) 计算重力加速度 g

根据式(2-4)计算重力加速度，并计算其不确定度.

2. 用作图法计算重力加速度 g(选做)

由式(2-2)可得 $T^2=4\pi^2\dfrac{l}{g}$，从此式可以看出 T^2 和 l 具有线性关系，如果改变单摆的摆长 l(改变摆长 5～7 次)，按照前面的步骤测出相对应的周期 T(先测小球摆动 50 个周期的时间，再计算单个周期)，然后在坐标纸上作 T^2-l 的图像，根据图像求出斜率 k，从而求得重力加速度 g，即 $g=\dfrac{4\pi^2}{k}$.

五、注意事项

1. 实验中需注意单摆的摆角 $\theta<5°$，且摆动必须在竖直的平面内，防止形成锥摆.
2. 测定单摆的摆动时间时，可在摆球经过平衡位置 O' 时按表开始计时.

六、思考题

1. 实验中测量单摆周期时为什么要先测 50 个周期而不是直接测单摆的一个周期？
2. 在室内的天花板上挂一单摆，摆线很长，如果需要测出摆线的长度，你能设法不直接去测量摆线而通过其他简单的工具测出摆线的长度吗？
3. 当摆动角度较大时，运动方程为 $\dfrac{d^2\theta}{dt^2}+\dfrac{g}{l}\sin\theta=0$，其周期规律如何？

善于观察
勤于思考
勇于探索

实验三　转动惯量的测定

刚体是形状和大小在外力作用下不发生改变的物体，是力学中的一个理想模型．物体的基本运动形式分为平动和转动，质量是物体平动惯性的量度，转动惯量是物体转动惯性的量度，转动惯量是描述物体转动特征的重要物理量，在工程技术及机械制造中都要考虑物体转动惯量的大小，所以测量刚体的转动惯量具有十分重要的实际意义．

刚体的转动惯量不仅与物体的质量有关，还与物体的形状、大小、质量分布和转轴的位置有关．对于形状规则、质量分布均匀的物体，可以通过计算求出刚体绕定轴转动的转动惯量，对于大多数形状复杂、质量分布不均匀的刚体，计算其转动惯量十分困难，一般用实验的方法测定．测定转动惯量的方法有很多，本实验是利用转动惯量实验仪来测定刚体的转动惯量的．为了便于与理论计算相比较，实验中仍采用形状规则的刚体．

一、实验目的

1. 研究刚体转动时合外力矩与刚体转动角加速度的关系，验证刚体的转动定律；
2. 测定不同形状物体的转动惯量．

计时器的使用

二、实验仪器

转动惯量实验仪及附件（圆盘、圆环、槽码等）、电脑多功能计时器、米尺、水平仪、电子天平等．图 3－1 为转动惯量实验仪的示意图．

实验原理

三、实验原理

如图 3－1 所示，当刚体定轴转动时，根据刚体的转动定律，转动系统所受合外力矩 $M_{合}$ 与角加速度 α 的关系为

$$M_{合}=I\cdot\alpha \tag{3-1}$$

其中 I 为该系统对转轴的转动惯量，合外力矩 $M_{合}$ 主要由引线的张力矩 M 和轴承的摩擦力矩 $M_{阻}$ 构成，即

$$M-M_{阻}=I\cdot\alpha \tag{3-2}$$

摩擦力矩 $M_{阻}$ 是未知的，但是它主要来源于接触摩擦，可以认为是恒定的，将上式改为

$$M=M_{阻}+I\cdot\alpha \tag{3-3}$$

在此实验中，若要研究引线的张力矩 M 与角加速度 α 之间是否满足式(3－3)的关系，就要测不同 M 时的 α 值．

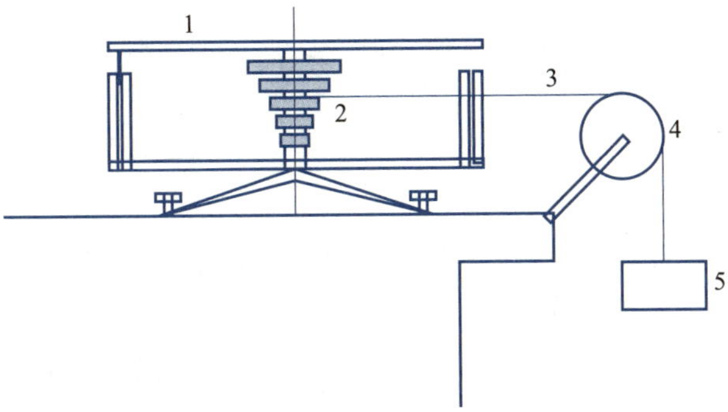

1—载物台；2—塔轮；3—引线；4—滑轮；5—槽码.

图 3-1　转动惯量实验仪

1. 引线张力矩 M

如图 3-2 所示，假设引线的张力为 F_T，绕线轴半径为 R，则 $M=F_TR$，滑轮半径为 r，其转动惯量为 $I_{轮}$，刚体转动时砝码下落加速度为 a，假设砝码的质量为 m，F_{T1} 是砝码受到的拉力，通过分析可得

$$mg-F_{T1}=ma \tag{3-4}$$

$$F_{T1}r-F_Tr=I_{轮}\frac{a}{r} \tag{3-5}$$

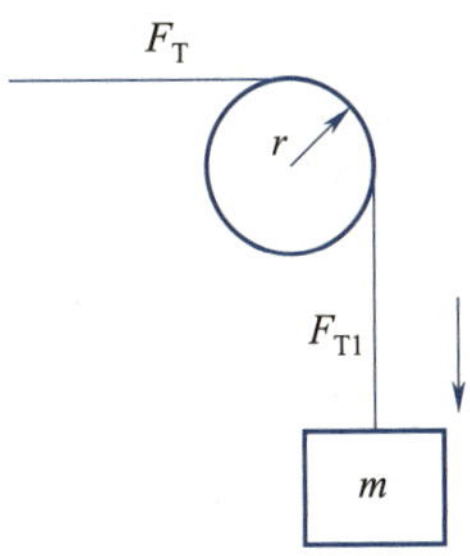

根据上面两式，消去 F_{T1}，同时 $I_{轮}=\frac{1}{2}m'r^2$（m' 为滑轮质量），可得

$$F_T=m\left[g-\left(a+\frac{1}{2}\frac{m'}{m}a\right)\right] \tag{3-6}$$

图 3-2　滑轮受力分析图

本实验中，$\left(a+\frac{1}{2}\frac{m'}{m}a\right)$不超过 g 的 0.3%，如果要求低一些，可取 $F_T\approx mg$，此时有

$$M\approx mgR \tag{3-7}$$

本实验中通过改变砝码质量来改变 M 值.

2. 角加速度 α 的测量

如图 3-3 所示，在载物台回转台末端装上挡光针，将转动惯量实验仪的一个光电门与电脑多功能计时器相连. 在保持起始状态不变的条件下，用电脑多功能计时器测量从光电门开始计时后载物台转动的第 1 圈时间 t_1，再测载物台转动第 1、第 2、第 3、第 4 圈的累计时间 t_4，根据第 1 圈的平均角速度（$2\pi/t_1$）应当等于中间时刻（$t_1/2$）的即时角速度；前 4 圈的平均角速度（$8\pi/t_4$）应当等于中间时刻（$t_4/2$）的即时角速度，则角加速度为

$$\alpha=\frac{\frac{8\pi}{t_4}-\frac{2\pi}{t_1}}{\frac{t_4}{2}-\frac{t_1}{2}}=4\pi\frac{\frac{4}{t_4}-\frac{1}{t_1}}{t_4-t_1} \tag{3-8}$$

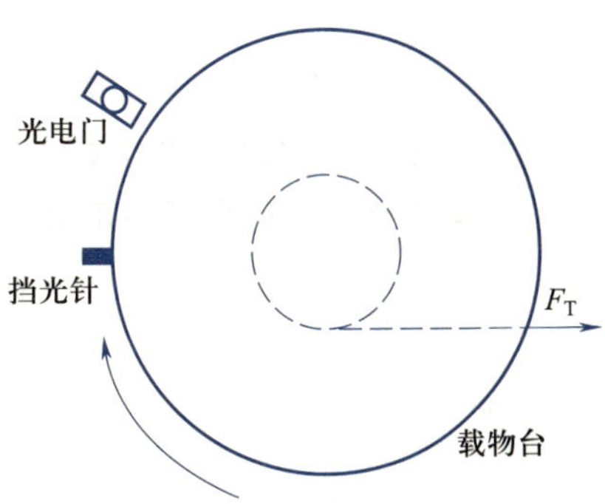

图 3-3　光电门示意图

3. 转动惯量的计算

测量 7 组 M 和 α 值，作 $M-\alpha$ 图线，这将是一条直线，它的斜率就是刚体的转动惯量 I，而纵轴截距则是摩擦力矩 $M_{阻}$.

四、实验内容

1. 调节载物台底脚螺丝，用水平仪将载物台调成水平，固定好滑轮并安装引线挂上槽码.

2. 从说明书中找到塔轮半径并记录.

3. 加质量为 m 的槽码，测量相应的角加速度 α，改变槽码的质量，测相应的角加速度，共改变 7 次，计算空载物台的转动惯量 I_0，数据记录于表 3-1 中.

表 3-1 测空载物台的转动惯量 I_0 的数据记录表

n	1	2	3	4	5	6	7
m/g							
t_1/s							
t_4/s							
$M/(\text{N}\cdot\text{m})$							
$\alpha/(\text{rad}\cdot\text{s}^{-2})$							

4. 将圆盘置于载物台上，分别加 7 次不同质量的槽码，测量相应的角加速度，计算其转动惯量 I_1'，则圆盘对中心轴的转动惯量为

$$I_1=I_1'-I_0 \tag{3-9}$$

5. 用同样的方法测出圆环对中心轴的转动惯量 I_2.

6. 测量圆盘的质量 m_1 和直径 d_1，测量圆环的质量 m_2 和内外直径 d_{21}、d_{22}，它们对中心轴的转动惯量可用下式求出：

$$I_1=\frac{1}{8}m_1d_1^2 \tag{3-10}$$

$$I_2=\frac{1}{8}m_2(d_{21}^2+d_{22}^2) \tag{3-11}$$

五、思考题

1. 根据你所学的大学物理知识，说说转动惯量的物理意义.

2. 如果被测物的形状不是对称的，能否用此装置去测它的转动惯量值？

实验四　固体线膨胀系数的测定

一般物质都具有热胀冷缩的特性，这是物质内部分子热运动加剧或减弱造成的. 物质的这种特性在仪表制造、材料焊接及工程设计等领域都必须加以考虑. 在一维情况下，固体受热后长度的增加称为线膨胀，在相同条件下，不同材料的金属，其线膨胀的程度各不相同，线膨胀系数是表征物质膨胀特性的物理量，只与物质的固有特性有关，是物质的基本物理参量之一. 测定线膨胀系数的方法有很多，如：光杠杆法、千分表法、螺旋测微法等. 本实验我们用千分表法来测定金属的线膨胀系数.

一、实验目的

1. 学习测量固体线膨胀系数的方法.
2. 掌握用千分表测量微小长度变化的方法.
3. 掌握用作图法处理实验数据.

二、实验仪器

线膨胀系数实验仪、千分表、米尺、待测金属棒等.

三、实验原理

实验原理

当固体温度升高时，物质内部分子热运动加剧，分子间的平均距离增大，产生热膨胀现象. 在一定温度范围内，固体材料在一维方向上的线膨胀规律可用下列经验公式表示：

$$L=L_0(1+\alpha t) \tag{4-1}$$

式中 L_0 为温度 $t=0$ ℃时的固体长度，L 为温度升高至 t 时的固体长度，α 为比例系数，可视为常量，称为固体的线膨胀系数，单位为℃$^{-1}$.

假设物体在温度 t_1 时的长度为 L，温度升高到 t_2 时，长度增加 ΔL，根据上式，可得

$$L=L_0(1+\alpha t_1)$$

$$L+\Delta L=L_0(1+\alpha t_2)$$

两式相比消去 L_0，整理后得

$$\alpha=\frac{\Delta L}{L(t_2-t_1)-\Delta L t_1} \tag{4-2}$$

由于 ΔL 和 L 相比甚小，所以 $L(t_2-t_1)\gg\Delta L t_1$，上式可近似为

$$\alpha=\frac{\Delta L}{L(t_2-t_1)}=\frac{\Delta L}{L\Delta t} \tag{4-3}$$

实验表明，在温度变化较大时，同一固体材料的线膨胀系数不一定相同，但在温度变化不大的范围内，线膨胀系数变化很小，可认为是常量. 在相同的温度范围内，不同的固体材料其线膨胀系数是不同的，常见材料的线膨胀系数可自行查询.

在 L 已知的情况下，固体线膨胀系数的测量归结为温度变化 Δt 与相应长度变化量 ΔL 的测量，由于线膨胀系数 α 一般较小，在 Δt 不大的情况下，ΔL 也很小，因此准确地控制温度、测量微小长度 ΔL 是保证测量成功的关键，本实验通过恒温控制仪（简称温控仪）准确控制温度，用千分表测量微小长度变化.

1. 恒温控制仪的使用说明

恒温控制仪由高精度数字温度传感器与单片机设定，读数精度为±0.1 ℃，可加热温度控制范围为室温—80 ℃. 面板操作如图 4-1 所示，具体操作步骤如下：

(1) 面板电源接通后，数字显示屏会显示当时传感器的实际温度，屏幕上出现“b=　=.=”，表示等待设定温度.

(2) 按升温键，数字即由零逐渐增大至用户所需的设定值，最高可选 80 ℃.

(3) 若数字显示值高于用户所需要的温度值，可按降温键，直至达到用户所需要的设定值.

(4) 当数字设定值达到用户所需的值时，即可按确定键，开始对样品加热，同时指示灯亮，发光频闪与加热速率成正比.

(5) 确定键的另一用途是可作选择键，可选择观察当时的温度值和先前设定值.

(6) 用户如果需要改变设定值可按复位键进行重新设置.

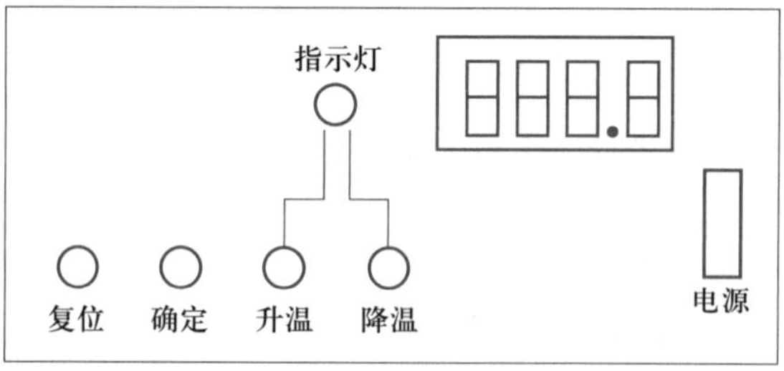

图 4-1　恒温控制仪面板

2. 千分表的使用说明

千分表是一种测定微小长度变化量的仪表，测量范围为 0～1 mm，每格为 0.2 mm（表盘小指针），千分表表盘一周分为 200 小格，表盘大指针每格为 0.001 mm，当千分表测量杆被压缩 0.2 mm 时，小指针转动一格，而大指针转过一圈，即 200 格. 安装千分表时，其测杆的探头应与被测物保持在同一直线上，测量前应稍用力压一下千分表的测量杆头部，使千分表的读数在 0.2 mm 左右（有一定的读数，但不能太大），然后转动表盘调零（表盘大指针读数为零）.

四、实验内容

1. 接通电加热器与温控仪输入输出接口和温度传感器的航空插头.

2. 旋松千分表固定架螺栓，转动固定架使被测样品（ϕ8 mm×400 mm 金属棒）能插入紫铜管内，再插入低导热体（不锈钢）用力压紧后转动固定架.

3. 安装千分表在固定架上，使千分表初始读数在 0.2 mm 左右（有一定的初始读数，但不能太大),固定架给予固定.然后稍用力压一下千分表滑络端,使它能与绝热体有良好的接触,再转动千分表圆盘,使千分表表盘大指针读数为零.

4. 接通温控仪的电源,设定需加热的值,一般可分别设置温度为 20 ℃、25 ℃、30 ℃、35 ℃、40 ℃、45 ℃、50 ℃,按确定键开始加热.

5. 当显示值上升到大于设定值时,电脑自动控制到设定值,等到千分表的读数基本稳定后(正常情况下在±0.30 ℃左右波动一两次),方可记录千分表的示数和对应的温度值.

6. 根据测得的数据,计算待测样品的线膨胀系数,可与理论值比较,考查误差情况.

五、注意事项

1. 在安装千分表时应注意被测物体与千分表测量头保持在同一直线.
2. 安装千分表在固定架上,须拧紧螺栓,使千分表不会转动.
3. 由于被测物体伸长量极小,故实验中仪器不能振动,读数过程中尽量不要压桌面.

六、思考题

1. 电加热箱中的隔热棒有什么作用?
2. 为什么被测物体与千分表的探头需在同一条直线上?
3. 测定线膨胀系数的方法有很多种,查阅相关资料进行了解,并予以比较.

实验五　杨氏模量的测定

弹性模量(又称杨氏模量)是表征固体材料性质的重要力学参量,反映材料弹性形变的难易程度,在机械设计及材料性能研究中有广泛的应用.杨氏模量常见的测量方法有拉伸法、弯曲法.本实验采用梁弯曲法测定金属的杨氏模量值.

一、实验目的

1. 学会用梁的弯曲法测定金属的杨氏模量.
2. 掌握微小位移量的测量方法.
3. 熟悉霍尔位置传感器的特性.
4. 学会用逐差法处理数据.

二、实验仪器

杨氏模量测定仪、米尺、游标卡尺、千分尺等.

实验原理

三、实验原理

1. 弯曲法测定金属的杨氏模量

如图 5-1 所示:将一厚度为 a、宽度为 b 的规则矩形长梁,两端自由地放在相距为 d 的一对在同一水平面内的平行刀口上,在梁上两刀口的中心处挂一质量为 m 的砝码,梁中心受压弯曲而下降的距离为 ΔZ,在梁的弹性限度内,杨氏模量 E 可用下式表示:

$$E=\frac{d^3\cdot mg}{4a^3\cdot b\cdot \Delta Z} \tag{5-1}$$

其中 g 为重力加速度.杨氏模量公式的具体推导可查阅资料.

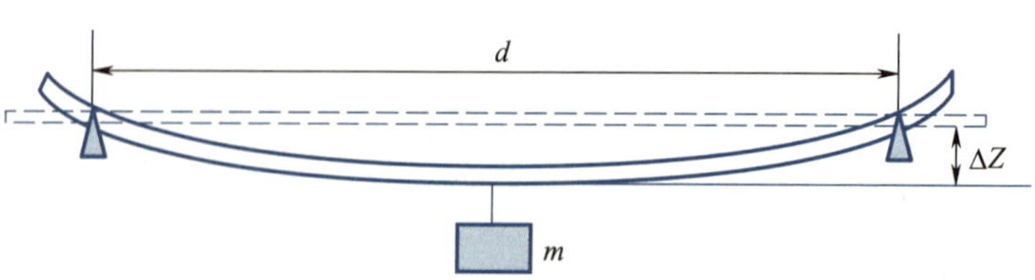

图 5-1　用弯曲法测定杨氏模量的原理图

2. 霍尔位置传感器

根据式(5-1)我们可以看出,用梁弯曲法测定金属的杨氏模量实验中,比较关键的待测量是

梁中心在砝码重力 mg 作用下弯曲而下降的微小位移量 ΔZ. 本实验采用的杨氏模量测定仪，在弯曲法测量固体材料杨氏模量的基础上，加装了霍尔位置传感器，通过对传感器的输出电压与位移量的线性关系进行定标，实现了用霍尔位置传感器测量微小位移量，从而测出固体材料的杨氏模量值的目的. 下面我们来介绍一下霍尔位置传感器的工作原理：

霍尔元件置于磁感应强度为 B 的磁场中，在垂直于磁场方向通以电流 I，则与这二者相垂直的方向上将产生霍尔电势差 U_{H}：

$$U_{\mathrm{H}}=K\cdot I\cdot B \tag{5-2}$$

上式中 K 为元件的霍尔灵敏度. 如果保持霍尔元件的电流 I 不变，而使其在一个均匀梯度的磁场中移动，则输出的霍尔电势差变化量为

$$\Delta U_{\mathrm{H}}=K\cdot I\cdot \frac{\mathrm{d}B}{\mathrm{d}Z}\cdot \Delta Z \tag{5-3}$$

式中 ΔZ 为位移量，此式说明当$\frac{\mathrm{d}B}{\mathrm{d}Z}$为常量时，$\Delta U_{\mathrm{H}}$ 与 ΔZ 成正比. 霍尔元件在均匀梯度的磁场中发生位移 ΔZ 时会产生相应的电势差输出 ΔU_{H}，其大小可以用数字电压表测量.

四、实验内容

1. 测定黄铜样品的杨氏模量值，同时对霍尔位置传感器定标.

(1) 用水准器观察整个台面是否处于水平位置，若有偏离，可以调节底座螺丝直至台面水平.

(2) 将横梁穿在砝码铜刀口内，同时安放在两立柱刀口的正中央位置. 接着装上铜杠杆，将有传感器的一端插入两磁铁中间，该杠杆中间的铜刀口放在刀座上，圆柱形拖尖应在砝码刀口的小圆洞内，调节三维调节架的调节螺丝，使集成霍尔位置传感器探测元件水平放置于磁铁中间的位置. 若不在磁铁中间，可以松弛固定螺丝使磁铁上下移动，或者用调节架上的套筒螺母旋动使元件上下微动.

(3) 将铜杠杆上的三眼插座插在立柱的三眼插针上，用仪器电缆一端连接测量仪器，另一端插在立柱另一三眼插针上；接通电源，预热 10 min 左右，指示值即可稳定. 先调节磁铁下面的固定螺丝使磁铁上下移动，当毫伏表数值很小时，停止调节固定螺丝，微调毫伏表面板上的调零旋钮，直至毫伏表数值为零.

(4) 调节读数显微镜：调节显微镜的高低，使镜筒的中轴线与铜框的参考基线等高. 调节目镜，看清里面的十字叉丝和数字，移动读数显微镜的前后距离，直至能清晰地看到铜框上的基线. 转动读数显微镜的鼓轮使铜框基线与读数显微镜的叉丝横线重合，记下初始读数值 Z_0.

(5) 逐次增加砝码 m_i（每次增加 10 g），记录下相应的铜框基线的位置值 Z_i 及数字电压表的读数值 U_i，记录数据在表 5-1 中：

表 5-1　黄铜样品数据记录表

m_i/g	0.00	10.00	20.00	30.00	40.00	50.00	60.00	70.00
Z_i/mm								
U_i/mV								

(6) 用米尺测量横梁两刀口之间的长度 d，用游标卡尺测量黄铜样品的宽度 b，用千分尺测量黄铜样品的厚度 a. 数据记录在表 5-2 中：

表 5-2　黄铜样品参量记录表

n	1	2	3	4	5
d/mm					
b/mm					
a/mm					

(7) 用逐差法处理数据，求出黄铜样品在砝码 $m=40$ g 重力作用下产生的位移 ΔZ，从而求出黄铜材料的杨氏模量值，并用作图法求出霍尔位置传感器的灵敏度 K.

2. 用霍尔位置传感器法测定可铸锻铁样品杨氏模量值

用同样的方法将可铸锻铁样品置于两立柱刀口的中央位置，转动读数显微镜鼓轮使铜框基线与读数显微镜的叉丝横线重合，逐次增加砝码 m_i（每次增加 10 g），记录相应的数字电压表的读数值 U_i，数据记录在表 5-3 中：

表 5-3　可铸锻铁样品数据记录表

m_i/g	0.00	10.00	20.00	30.00	40.00	50.00	60.00	70.00
U_i/mV								

用逐差法处理数据，求出可铸锻铁样品在砝码 $m=40$ g 重力作用下产生霍尔位置传感器的电压 ΔU，根据霍尔位置传感器的灵敏度求出对应的位移 ΔZ，从而求出可铸锻铁样品的杨氏模量值.

五、注意事项

1. 实验开始前，必须检查横梁是否有弯曲，如有，应矫正.

2. 霍尔位置传感器一定要水平放置于磁铁的中心处，定标前，应将霍尔位置传感器调整到零输出位置，避免传感器测量过程中超出量程.

3. 读数显微镜的叉丝横线对齐铜框基线时，要注意要区分是铜框基线还是铜框的边沿.

4. 加砝码时，应轻拿轻放，尽量减小砝码架的晃动，这样可以使电压值在较短的时间内达到稳定值，节约实验时间.

六、思考题

1. 什么情况下可以使用逐差法？逐差法有什么优点？

2. 用霍尔位置传感器测微位移的方法是什么？

实验六　用混合法测固体的比热容

比热容是单位质量的物质升高(或降低)单位温度所吸收(或放出)的热量.比热容的测定对研究物质的宏观物理现象和微观结构间关系有重要意义.比热容的测量方法有很多,常用方法有混合法、电热法、冷却法等.本实验我们用混合法来测定固体的比热容.

一、实验目的

1. 掌握用混合法测固体的比热容.
2. 了解外推法散热的修正原理.

二、实验仪器

量热器(图 6-1)、天平、金属块、加热器、停表、温度计等.

量热器的介绍:

量热器是热学实验中常见的隔热良好的容器,它由内筒与外筒组成,外筒用绝热盖盖住,盖上开有小孔,可放入温度计和搅拌器(连绝热柄).内筒与外筒不直接接触,夹层中充满不传热的物质(一般用空气),使热量不散失或传入.由于外筒装有绝热盖,对流的热量也很小.因而可将量热器视为符合热平衡原理的实验系统.

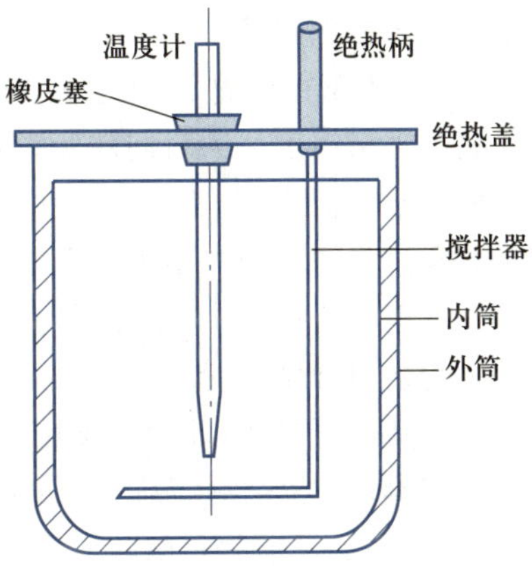

图 6-1　量热器

三、实验原理

1. 混合法测定固体的比热容

热平衡原理告诉我们:温度不同的物体混合后,热量将由高温物体传递给低温物体,如果在混合过程中和外界没有热交换,最后将达到均匀稳定的平衡温度,在这个过程中,高温物体放出的热量等于低温物体所吸收的热量.本实验将根据热平衡原理用混合法来测定固体的比热容.

量热器内筒装有温度为 t_1 的水,将质量为 m、加热到温度为 t_2 的金属块,迅速投到量热器的内筒中,最后达到平衡温度 t,根据热平衡原理,金属块放出的热量 Q_1 与量热器内筒及水所吸收的热量 Q_2 相等(实验过程中插入量热器中的测温器件也要吸收热量,此处忽略测温器件吸收的热量).

金属块放出的热量:

$$Q_1=cm(t_2-t)$$

量热器内筒及水所吸收的热量：

$$Q_2=(c_1m_1+c_2m_2)(t-t_1)$$

其中，c、m 为金属块的比热容和质量；c_1、m_1 为量热器内筒及搅拌器的比热容和质量；c_2、m_2 为水的比热容和质量. 因为 $Q_1=Q_2$，所以有

$$cm(t_2-t)=(c_1m_1+c_2m_2)(t-t_1) \tag{6-1}$$

可得

$$c=\frac{(c_1m_1+c_2m_2)(t-t_1)}{m(t_2-t)} \tag{6-2}$$

2. 系统误差的修正

由混合法测定固体的比热容得出的式(6-2)是在假定系统与外界不产生热交换的前提下得到的. 实际上，在实验过程中，只要有温度差存在，系统与外界必然会有热交换(系统热量散失或从外界吸收热量)，从而使实验结果存在系统误差，有时甚至很大，以致无法得到正确结果，所以如何防止热量散失以及如何修正热散失是本实验必须考虑的，下面我们一起来分析实验过程中热量散失途径及应采取的措施.

(1) 量热器外部附着水，水分蒸发散失的热量. 采取的措施：用干布擦干量热器的外壁.

(2) 加热后的被测固体在投入量热器前散失的热量. 采取的措施：这部分热量不易修正，应尽量缩短投放时间.

(3) 投下待测物后，混合过程中量热器与外部的热交换. 采取的措施：由于投入被测物到达到混合平衡温度所需时间较短，可采用热量出入相互抵消的方法，控制量热器和水的初始温度 t_1 低于环境温度 t_0，混合后的平衡温度 t 高于环境温度 t_0，使 $t-t_0$ 和 t_0-t_1 大致相等，从而保证混合过程中量热器由外部吸收的热量与散失的热量近似相等.

由于混合过程中，量热器与外界仍有热交换，先吸热后放热，致使温度计读出的量热器内筒及水的初始温度 t_1 和混合后的平衡温度 t 都与无热交换时的初始温度和平衡温度不同，因此，必须对其进行修正，此即外推法的散热修正原理，具体操作如下：

实验时从投被测物前 5 min 开始测水温，每隔 30 s 测一次，记下投物的时刻和温度，投物后，每隔 10 s 记录一次水温，记下达到室温 t_0 的时刻 τ_0，直至水温到达最高点，然后每隔 30 s 测水温一次，继续测温 5 min. 根据实验得到的数据作温度-时间图(图 6-2)，过 τ_0 作竖线 MN，过 t_0 作水平线与 MN 交于 G 点，投物前的吸热线 AB 与 MN 交于 B 点，混合后的放热线 CD 与 MN 交于 C 点，混合过程中的温升线 EF 与 AB、CD 分别交于 E 点和 F 点，因水温到达室温前，量热器一直在吸热，故混合过程的初始温度应是 B 点对应的 t_B，此值高于投物时记下的温度；同理：水温高于室温后，量热器向环境散热，故混合后的最高温度是 C 点对应的 t_C，此值也高于温度计显示的最高温度. 图 6-2 中，吸热用 S_{BGE} 表示，放热用 S_{CGF} 表示，当两面积相等时，说明实验过程中，量热器对外界的吸热与放热相抵，实验中应力求两面积相等.

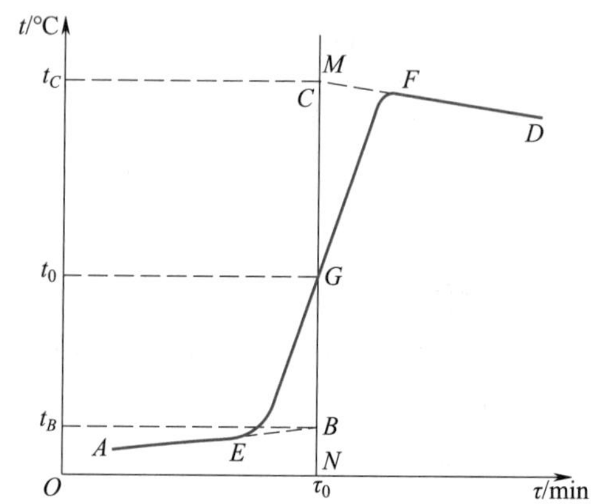

图 6-2　混合前后温度随时间的变化

四、实验内容

1. 用天平称出待测样品的质量 m，将其放在灌有水的加热器中进行加热，用温度计测出室温 t_0.

2. 将量热器内筒及搅拌器擦干，并用天平称出其质量 m_1，在内筒中加入低于室温的冷水（约为内筒容积的 1/2），称出总质量为 m'，则水的质量 $m_2=m'-m_1$. 在金属块未投入量热器内筒前，用搅拌器轻轻搅拌，同时测水温，每隔 30 s 测一次，连续测温 5 min.

3. 当用加热器加热至温度计指示值稳定不变，即温度计达一定值不再上升时，记下温度 t_2，停止加热，迅速将金属样品从沸水中取出，投入量热器中，盖好绝热盖，并不断搅拌，仔细观察水温变化，每隔 10 s 测水温 1 次，记下到达室温 t_0 的时刻 τ_0，接连测温直到水温到达最高值，水温到达最高后用搅拌器轻轻搅拌，然后每隔 30 s 测水温一次，继续测温 5 min，记录数据在表 6－1 中.

表 6－1　量热器中的水温记录表

时间/min										
温度/℃										
时间/min										
温度/℃										

4. 根据实验得到的数据作温度-时间曲线，利用外推法的散热修正原理，求出混合前的初始温度 t_B 和混合后的平衡温度 t_C.

5. 根据式(6－2)求出金属块的比热容.

五、注意事项

1. 将金属块从沸水中取出投入量热器中时，动作要快，且应尽量不带水进去.

2. 实验时应擦干量热器的外筒壁，以免水蒸发时带走过多的热量.

3. 用温度计测水温时，温度计的末端不要碰到被测金属块.

4. 由于金属块的比热容较小，应尽量减少量热器内筒的水量，但要保证金属块全部浸入水中.

5. 不要将量热器放在太阳下或空气流通太快的地方进行实验，以减少量热器和外界的热交换.

六、思考题

1. 根据公式的使用条件，结合实验操作过程，找出产生误差的主要原因.

2. 量热器内筒中放水量过多会对实验结果产生什么影响？

实验七　利用倾斜气垫导轨测定重力加速度

一、实验目的

1. 掌握气垫导轨的原理，学会使用多功能计时器.
2. 用倾斜气垫导轨测定重力加速度.

二、实验仪器

计时器的使用

气垫导轨（包括导轨、滑块、光电门等配件）、多功能计时器、气泵、垫块、游标卡尺等.

气垫导轨简介：

气垫导轨（简称气轨）是一种摩擦很小的力学实验装置. 它利用气泵将压缩空气送入导轨的腔体，再由导轨表面的气孔喷出气流，在导轨和滑块之间形成很薄的气膜，将滑块浮起，使滑块在轨道上做近似无摩擦的直线运动. 它由导轨、滑块、光电门和挡光片组成（见图 7－1）.

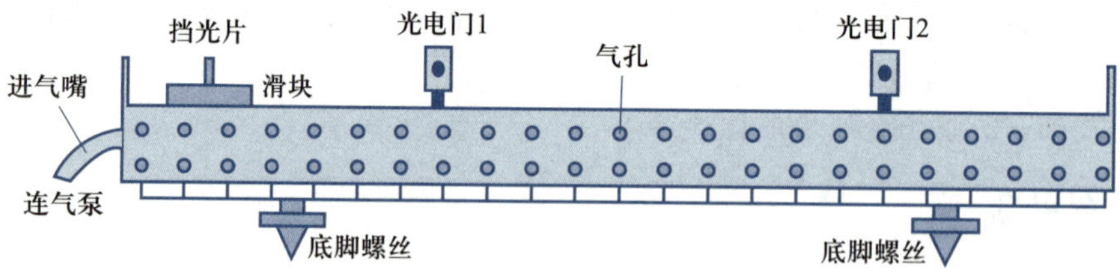

图 7－1　气垫导轨结构图

1. 导轨

导轨是由长约 1.5 m、截面为三角形的中空铝材制成，轨面两侧各有两排喷气小孔. 导轨一端封闭，另一端装有进气嘴，与气泵相连. 压缩空气由气泵送入空腔，再从气孔喷出. 导轨上安装有测量光电门位置的标尺，导轨两端装有缓冲弹片，轨面上可以安放滑块，导轨底部有三个用以调节导轨水平的底脚螺丝.

2. 滑块

滑块由三角形铝材制成，其两侧内表面和导轨面精密贴合. 滑块两端装有缓冲片，其上可安置挡光片或附加重物. 当导轨的喷气小孔喷气时，导轨和滑块这两个相对运动的物体之间形成的很薄的空气膜（即所谓气垫），将滑块从导轨面上托起，从而把滑块与导轨之间接触的滑动摩擦变成空气层之间的气体内摩擦，极大地减小了摩擦力的影响，滑块在导轨上做近似无摩擦的直线运动.

3. 挡光片

挡光片由金属片制成，分为无缝挡光片和有缝挡光片两种（图 7－2）.

4. 光电测量系统

光电测量系统由光电门和计时器组成，其工作原理如下：当滑块（其上安装有缝挡光片）经过光电门时，滑块上的挡光片第一沿穿过光电门（图 7-3），光电门发射器发出的红外线被挡光片遮挡而无法照到接收器上，此时接收器产生一个脉冲信号，滑块上的挡光片第二沿经过光电门时，接收器再次产生一个脉冲信号，计时器可以测出这两个脉冲信号之间的时间间隔 Δt. 如果预先确定挡光片两个沿之间的宽度 d，就可求出滑块经过光电门的平均速度 $\overline{v}=\dfrac{d}{\Delta t}$.

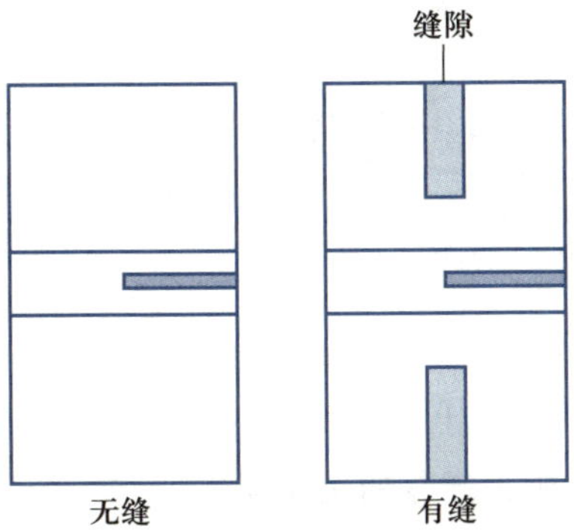

图 7-2　挡光片的种类

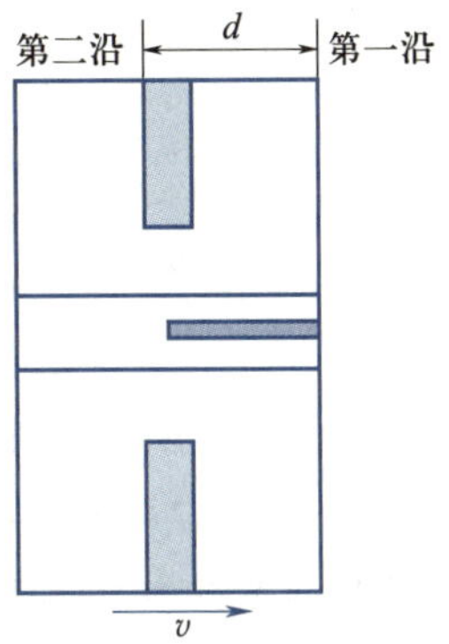

图 7-3　光电门工作原理

5. 使用气垫导轨的注意事项

(1) 气泵未对导轨供气时，不得将滑块放在导轨上，更不得在导轨上推动滑块.

(2) 气垫导轨的清洁：导轨使用前，用纱布沾少许酒精擦拭导轨的表面及滑块的内侧面.

(3) 检查气孔是否堵塞：导轨供气后，可用小纸条检查气孔，发现堵塞可用细丝通一下.

(4) 导轨表面和滑块内表面严密贴合，使用过程中必须防止碰伤导轨面及滑块的内表面.

(5) 实验结束后，取下滑块，盖上防尘布.

三、实验原理

实验原理

1. 倾斜气垫导轨上滑块运动加速度 a 与重力加速度 g 的关系

假设导轨倾斜角为 θ，滑块质量为 m，滑块在气轨上运动虽然没有接触摩擦，但是有空气层的内摩擦，其阻力 $F_{阻}$ 和平均速度 $\overline{v}$ 成比例，即 $F_{阻}=b\overline{v}$（b 为黏性阻尼常量），根据牛顿第二定律可得

$$ma=mg\sin\theta-b\overline{v} \tag{7-1}$$

因此，重力加速度为

$$g=\frac{a+\dfrac{b\overline{v}}{m}}{\sin\theta} \tag{7-2}$$

本实验将依据式(7-2)求重力加速度.

2. 导轨的调平

导轨的底部有三只底脚螺丝（一边双脚，一边单脚），导轨的调平可以先横向调平，再纵向调平，即：先借助水平仪调整横向双脚的底脚螺丝直至双脚水平，再调整单脚底脚螺丝的高低，直至

导轨纵向水平. 纵向调平有静态调节和动态调节两种方法.

(1) 静态调节

打开气泵给导轨通气，将滑块放在导轨上，观察滑块的移动，滑块移向哪边说明哪边低，相应地调节导轨单脚底脚螺丝的高低，直到滑块保持不动或左右浮动(不产生定向滑动)为止. 此方法并不适用于导轨本身存在弯曲的情况，故静态调节法一般作为导轨的初步调平.

(2) 动态调节

导轨调平本应是将平直的导轨调成水平，但是实验室现行的导轨都存在一定的弯曲，因此"调平"的意义是指将光电门 A、B 所在两点调到同一水平线上(图 7-4).

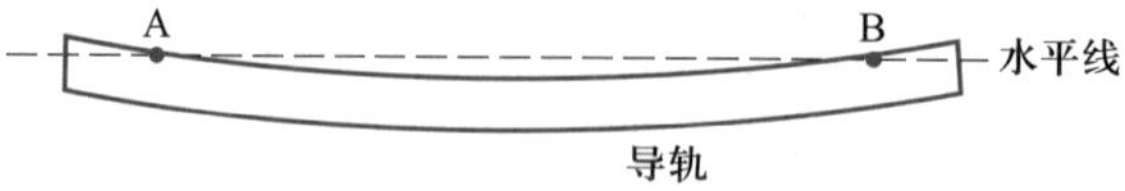

图 7-4　导轨调平示意图

假设导轨上光电门 A、B 所在两点已在同一水平线上，则导轨弯曲对运动滑块的影响抵消，但因滑块与导轨间还存在少许阻力，所以当滑块从 A(滑块经过光电门 A 的速度为 v_A)运动到 B(滑块经过光电门 B 的速度为 v_B)时，将有 $v_A > v_B$，阻力产生的速度损失：

$$\Delta v = \frac{bs}{m} \tag{7-3}$$

其中：b 为黏性阻尼常量，s 为光电门 A、B 之间的距离，m 为滑块的质量. 按照前面的讨论，可以用如下的方法判断导轨是否调平：

(1) 滑块从 A 到 B 运动时，$v_A > v_B$；反之，$v_B > v_A$(速度都取正值).

(2) 滑块从 A 到 B 运动时速度的损失 Δv_{AB}，要和从 B 到 A 运动时速度的损失 Δv_{BA} 尽量接近.

3. 求黏性阻尼常量 b

导轨调平后测出两个方向的速度损失 Δv_{AB} 和 Δv_{BA}(两者要尽量接近)，根据式(7-3)可得

$$b = \frac{m}{s}\frac{\Delta v_{AB} + \Delta v_{BA}}{2} \tag{7-4}$$

测量 Δv 时，滑块速度要小些，并且在推动时应注意使之运动平稳(轻轻平推滑块即可).

4. 加速度 a 的测量

假设滑块通过光电门 A、B 的时间分别是 t_A 和 t_B，t_{AB} 为挡光片第一沿通过光电门 A、B 的时间，本实验中用滑块经过光电门的平均速度代替瞬时速度，根据 $a = (v_B - v_A)/t_{AB}$，可得

$$a = \frac{d}{t_{AB}}\left(\frac{1}{t_B} - \frac{1}{t_A}\right) \tag{7-5}$$

为消除用平均速度代替瞬时速度产生的系统误差，在上式的分母中加入修正项 $-\frac{t_A}{2} + \frac{t_B}{2}$，可将上式改为

$$a = \frac{d}{t_{AB} - \frac{t_A}{2} + \frac{t_B}{2}}\left(\frac{1}{t_B} - \frac{1}{t_A}\right) \tag{7-6}$$

本实验按照式(7－6)计算滑块的加速度.

四、实验内容

1. 打开气泵，调平气轨，调平过程中的数据记录在表 7－1 中：

表 7－1　气垫导轨调平数据记录表

序号	A→B			B→A		
	$v_A/(\mathrm{mm\cdot s^{-1}})$	$v_B/(\mathrm{mm\cdot s^{-1}})$	$\Delta v_{AB}/(\mathrm{mm\cdot s^{-1}})$	$v_B/(\mathrm{mm\cdot s^{-1}})$	$v_A/(\mathrm{mm\cdot s^{-1}})$	$\Delta v_{BA}/(\mathrm{mm\cdot s^{-1}})$
1						
2						
3						

2. 根据以上数据测出导轨的黏性阻尼常量 b.

3. 相关长度的测量

(1) 记录光电门 A 的位置 $x_A=$__________，光电门 B 的位置 $x_B=$__________，两光电门间的距离 $s=x_A-x_B=$__________.

(2) 记录导轨单脚的位置 $x_{单}=$__________，导轨双脚的位置 $x_{双}=$________，导轨底脚间的距离 $L=x_{单}-x_{双}=$__________.

4. 加速度 a 和重力加速度 g 的测量

如图 7－5 所示，将气垫导轨的一端垫高 h，用游标卡尺测出垫块的高度 h，则导轨的倾角 $\sin\theta=\dfrac{h}{L}$. 滑块在倾斜的导轨上由静止下滑，用光电测量系统测出滑块的加速度 a，根据测得的数据计算当地的重力加速度 g.

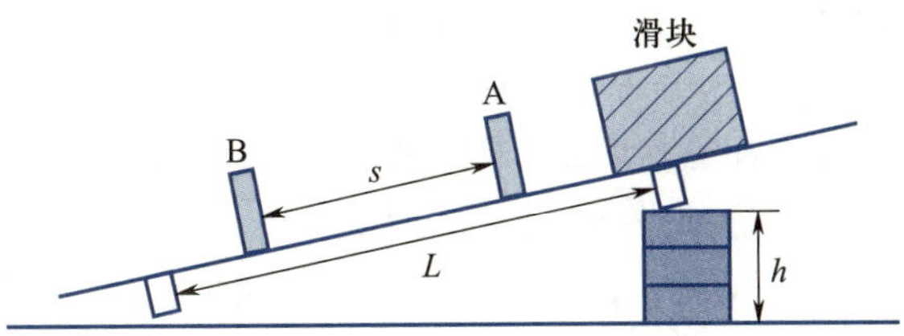

图 7－5　气垫导轨测重力加速度

五、思考题

1. 气垫导轨调平的判断标准是什么？
2. 如果导轨未调平，会对测出的重力加速度有什么影响？

实验八　液体表面张力系数的测定

液体表面在宏观上像一张绷紧的橡皮薄膜，存在沿着表面并使表面趋于收缩的应力，这种力称为表面张力，液体的许多现象都与表面张力有关，如球状的露珠、肥皂泡的形成、液体的浸润等. 研究液体的表面张力可为工农业生产、生活及科学研究有关液体分子的分布和表面的结构等方面提供有用的理论支撑. 液体表面张力的大小通常用表面张力系数来描述，测定液体表面张力系数的方法有很多，常用的方法有拉脱法、毛细管法、液滴测重法等，本实验采用拉脱法来测定液体的表面张力系数.

一、实验目的

1. 用拉脱法测量室温下液体（水）的表面张力系数.
2. 了解力敏传感器的原理，掌握其标定方法.

二、实验仪器

液体表面张力实验仪、金属吊环、游标卡尺、纯净水、玻璃器皿等.

实验原理

三、实验原理

1. 液体的表面张力

液体与空气接触形成表面层，液体表面层内分子受力情况不同于液体内部，表面层内分子合力垂直于液面并指向液体内部，所以分子有从液面挤入液体内部的倾向，并使液体表面自然收缩，液体表面在宏观上就像一张绷紧的橡皮膜，存在沿着表面并使表面趋于收缩的力，这种力称为表面张力.

想象在液面上画一条线段，表面张力表现为线段两旁的液膜以一定的拉力 F 存在于表面层，方向恒与线段垂直，大小与线段的长度 l 成正比，即

$$F=\alpha \cdot l \tag{8-1}$$

式中 α 为液体的表面张力系数，其大小主要与液体的成分、纯度、浓度及温度有关. 本实验用拉脱法来测定液体的表面张力系数.

2. 用拉脱法测定液体的表面张力系数

拉脱法测量液体表面张力系数通常是通过一个已知周长的金属吊环或金属片从待测液面脱离时需要的力来实现测量的，本实验采用一个干净的金属吊环，将其挂在一个测力计上（图 8 - 1），并使其底部水平浸入待测液面，缓缓地提起测力计（或缓缓地降低盛液体的器皿），当吊环底面与液面平齐或略高时，由于液体表面张力的作用，金属吊环的内、外壁会带起液膜. 继续提起测力计（或降低盛液体的器皿）直至金属吊环拉断液膜，此时液膜破裂，液体表面张力消失. 金属吊环拉

脱液膜瞬间前后测力计的受力情况如下：

吊环脱离液面瞬间前测力计的读数为

$$F_1=F+mg \tag{8-2}$$

其中，F 为吊环受到的液体表面张力，mg 为金属环的重力.

吊环脱离液面瞬间后测力计的读数

$$F_2=mg \tag{8-3}$$

根据前面两式，可得液体表面张力系数 α 为

$$\alpha=\frac{F}{\pi(D_1+D_2)}=\frac{F_1-F_2}{\pi(D_1+D_2)} \tag{8-4}$$

其中，D_1，D_2 为吊环的内外直径.

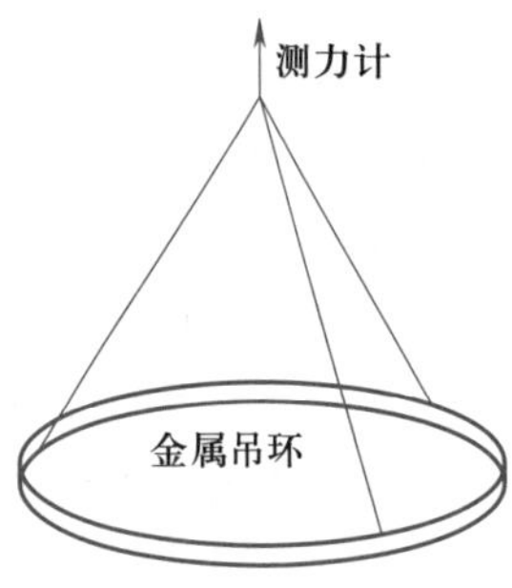

图 8-1　金属吊环挂件

3. 力敏传感器

用拉脱法测量液体表面张力系数实验中对测量力的仪器要求较高，由于液体表面张力为 $10^{-3}\sim10^{-2}$ N，因此需要有一种量程范围较小、灵敏度高且稳定性好的测力方法. 随着传感器的兴起，硅压阻力敏传感器正好能满足测量液体表面张力的需要，相比传统的约利弹簧秤测力方法，力传感器法在测量上具有灵敏度高、稳定性好、可数字显示、便于记录等优点.

如图 8-2 所示，硅压阻力敏传感器由弹性梁（弹簧片）和贴在梁上的传感器芯片组成. 当外界拉力作用于梁上时，在拉力的作用下，梁产生弯曲，传感器受力的作用，有电压输出，输出电压与外力成正比，即

$$U=B\cdot F$$

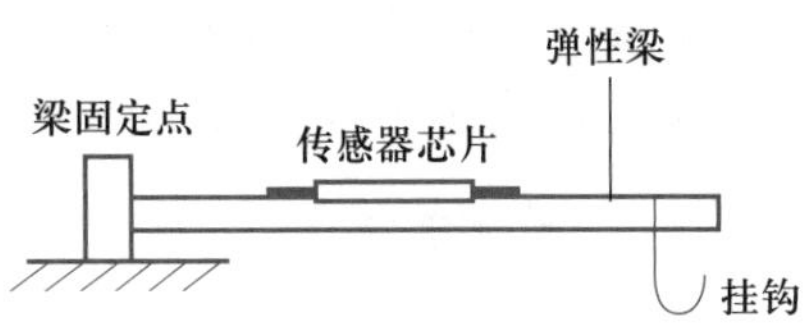

图 8-2　硅压阻力敏传感器

其中，B 为传感器的灵敏度，单位为 $\mathrm{mV\cdot N^{-1}}$.

假设金属吊环拉脱前后传感器输出的电压值为 U_1、U_2，根据前面两式，可得液体的表面张力系数：

$$\alpha=\frac{F_1-F_2}{\pi(D_1+D_2)}=\frac{U_1-U_2}{\pi B(D_1+D_2)} \tag{8-5}$$

四、实验内容

1. 液体表面张力实验仪开机预热 15 min. 清洗玻璃器皿和金属吊环. 用游标卡尺测量金属吊环的内外直径 D_1、D_2.

2. 硅压阻力敏传感器定标

(1) 将砝码盘挂在硅压阻力敏传感器的挂钩上，砝码盘静止后，调节调零旋钮，使数字电压表显示为零. 逐次增加 500 mg 的砝码，记下相应的电压表数值（安放砝码时要尽量轻，待电压表输出稳定后再读数），数据记录在表 8-1 中：

表 8-1　力敏传感器定标

n	1	2	3	4	5	6	7
m/g	0.500	1.000	1.500	2.000	2.500	3.000	3.500
U/mV							

(2) 根据以上数据,用作图法求出传感器的灵敏度 B.

3. 液体表面张力系数的测定

在玻璃器皿内放入待测的水并放置于升降台上,将金属吊环挂在传感器的挂钩上,转动升降台,观察吊环下沿和液面是否平行,如果不平行,调节吊环上的细丝直至吊环与液面平行. 调节升降台,使吊环下沿浸没于待测液体中,反向缓慢转动升降台使液面下降,仔细观察吊环下沿从液体中拉起的环形液膜,继续缓慢转动升降台,使液面继续下降,仔细观察吊环即将拉断液膜瞬间前后数字电压表的读数(液膜拉断前数字电压表的读数为 U_1,液膜拉断后数字电压表的读数为 U_2)并记录,重复上述测量过程 5 次,数据记录在表 8-2 中:

表 8-2　液体表面张力系数的测定

n	1	2	3	4	5
U_1/mV					
U_2/mV					
(U_1-U_2)/mV					

根据前面的公式,求出待测水的表面张力系数 α.

4. 实验结束后将吊环清洗干净,用清洁纸擦干、包好后放入干燥的盒内.

五、注意事项

1. 力敏传感器使用过程中用力不宜大于 0.098 N,否则容易造成仪器损坏.
2. 器皿和吊环清洁后不得用手接触,实验过程中也不宜用手直接接触待测液体.
3. 实验过程中吊环应保持水平,旋转升降台时动作应缓慢,避免待测液体晃动.
4. 实验过程中,实验室内不宜风力较大,以免吊环摆动.

六、思考题

1. 用拉脱法测量液体表面张力系数实验中,为什么一定要测拉断前瞬间的电压值?
2. 若吊环下沿所在平面与液面不平行,测得的表面张力系数是偏大还是偏小?

实验九　受迫振动与共振实验

一、实验目的

1. 了解音叉振动系统在驱动力和阻尼力作用下的运动规律.

2. 学习绘制音叉振动系统在周期性外力作用下振幅与驱动力频率之间的关系曲线.

3. 研究音叉振动频率与双臂质量的关系.

二、实验仪器

受迫振动实验仪(主机和音叉振动装置)、加载质量块(成对)、电子天平等.

音叉双臂外侧对称地放置两个电磁线圈,一端的电磁激振线圈与低频信号发生器相连,低频信号发生器输出正弦交变电流,交变电流作用下产生的交变磁场激振音叉,当线圈中的电流最大时,对音叉的吸力最大,当电流为零时,产生的磁场消失,吸力为零,音叉被释放.音叉产生的振动频率与电磁激振线圈的电流有关,电流变化频率越大,磁场交变越快,音叉振动越快.音叉另一端的接收线圈靠近被磁化的音叉臂放置,产生感应电流,进而输出到交流数字电压表中.由于 $I\propto \mathrm{d}B/\mathrm{d}t$,$\mathrm{d}B/\mathrm{d}t$ 代表交变磁场变化的快慢,其值取决于音叉振动的速度,速度越快,磁场变化越快,产生的电流越大,电压表显示的数值越大,即电压值与速度振幅成正比,因此可以用电压表的示数代替速度振幅,由此可知,接收线圈产生的电信号输入交流数字电压表,可研究音叉振动系统在周期外力作用下做受迫振动时振幅与驱动力频率的关系.

三、实验原理

实验原理

1. 简谐振动与阻尼振动

振动系统如弹簧振子的振动,在振幅较小且空气阻尼可以忽视的情况下,都可作简谐振动处理,满足简谐振动方程:

$$\frac{\mathrm{d}^2 x}{\mathrm{d}t^2}+\omega_0^2 x=0 \tag{9-1}$$

式(9-1)的解为

$$x=A\cos(\omega_0 t+\phi) \tag{9-2}$$

弹簧振子振动圆频率为 $\omega_0=\sqrt{\dfrac{k}{m+m_0}}$,$k$ 为弹簧的弹性系数,m 为振子的质量,m_0 为弹簧的等效质量.

弹簧振子的周期 T 满足:

$$T^2=\frac{4\pi^2}{k}(m+m_0) \tag{9-3}$$

实际的振动系统存在各种阻尼因素，因此式(9－1)左边须增加阻尼项. 在小阻尼情况下，阻尼与速度成正比，表示为 $2\beta \frac{dx}{dt}$，相应的阻尼振动方程为

$$\frac{d^2x}{dt^2}+2\beta\frac{dx}{dt}+\omega_0^2x=0 \tag{9-4}$$

上式中 β 为阻尼系数.

2. 受迫振动与共振

阻尼振动的振幅会随时间衰减，直至最后停止振动. 为了使振动持续下去，外界必须给系统一个周期变化的驱动力. 一般采用的是随时间作正弦函数或余弦函数变化的驱动力，在驱动力作用下，振动系统的运动满足：

$$\frac{d^2x}{dt^2}+2\beta\frac{dx}{dt}+\omega_0^2x=\frac{F}{m'}\cos\omega t \tag{9-5}$$

式(9－5)中，$m'=m+m_0$ 为振动系统的质量，F 为驱动力的振幅，ω 为驱动力的圆频率.

式(9－5)为振动系统做受迫振动的方程，它的解包括两项，第一项为瞬态振动，由于阻尼存在，振动开始后振幅不断衰减，最后较快地变为零；而后一项为稳态振动的解，其为

$$x=A\cos(\omega t+\varphi)$$

式中，$A=\dfrac{\frac{F}{m'}}{\sqrt{(\omega_0^2-\omega^2)^2+4\beta^2\omega^2}}$.

当驱动力的圆频率 $\omega=\omega_0$ 时，振幅 A 出现极大值，此时称为共振. 显然 β 越小，$x-\omega$ 关系曲线的极值越大. 描述曲线陡峭程度的物理量为锐度，其值等于品质因数：

$$Q=\frac{\omega_0}{\omega_2-\omega_1}=\frac{f_0}{f_2-f_1} \tag{9-6}$$

其中，f_0 表示共振频率，f_1、f_2 是振幅下降到最大振幅的 70.7％时对应的频率值.

3. 可调频率音叉的振动周期

一个可调频率音叉一旦起振，它将以某一基频振动而无谐频振动. 音叉的两臂是对称的，因此两臂的振动是完全反向的，从而在任一瞬间对中心杆都有等值反向的作用力. 中心杆的净受力为零而不振动，因而紧紧握住它是不会引起振动衰减的. 因此，可以通过将相同质量的物块对称地加在音叉的两臂上来减小音叉的基频(音叉两臂所加的物块必须对称). 对于这种加载的音叉的振动周期 T 与式(9－3)相似，如下式所示：

$$T^2=B(m+m_0) \tag{9-7}$$

其中 B 为常量，它依赖于音叉材料的力学性质、大小及形状，m_0 为与每个振动臂的有效质量有关的常量. 利用式(9－7)可以制成各种音叉传感器，如液体密度传感器、液位传感器等. 通过测量音叉的共振频率可求得音叉管内液体密度或液位高度. 这类音叉传感器在石油、化工等领域有重要的应用.

四、实验内容

1. 用屏蔽信号线将信号源的输出端与激振线圈的电压输入端相连接，用屏蔽信号线将电磁线圈的信号输出端与信号接收放大的输入端相连接.

2. 接通仪器电源，使机器预热 15 min.

3. 测定共振频率 f_0 和振幅 A_r：将“幅度调节”按钮调节至适中位置，低频信号发生器的输出信号频率由低到高缓慢调节（参考值约为 250 Hz），仔细观察交流电压有效值的变化，当读数达最大值时，记录音叉共振时的频率 f_0 和共振时的电压有效值 A_r.（也可使用“扫描”键自动扫描共振频率.）

表 9－1　空气阻尼很小时频率 f 和振幅 A 的关系

f/Hz					……				
A/mV					……				

4. 测量音叉振动系统传感器输出信号 A 与驱动信号频率 f：在信号发生器输出信号保持不变的情况下，调节驱动力的频率 f（由低到高），记录频率 f 及对应的数字电压有效值 A，在共振频率附近应多测几个点. 数据记录在表 9－1 中.

5. 绘制 $A-f$ 关系曲线. 根据式（9－6）计算音叉的锐度（Q 值）.

6. 用电子天平称出（5 对）配套质量块的质量，记录结果在表 9－2 中.

7. 将不同质量块分别加到音叉双臂指定的位置上（对称地加在音叉双臂上，尽量靠近线圈方向），并用工具旋紧. 测出音叉双臂对称地加相同质量块时对应的共振频率，记录数据在表 9－2 中.

表 9－2　共振频率 f_0 与双臂加载质量块 m 的关系

m/g						
f_0/Hz						
$T^2/10^{-5}\,s^2$						

8. 作周期平方 T^2 与质量 m 的关系图，求出直线斜率 B 和在 m 轴上的截距.

9. 用一对未知质量的物块 m_x 替代已知质量物块，测出音叉的共振频率 f_x，代入拟合所得的直线公式，即可求出未知质量物块的质量 m_x.

五、注意事项

1. 适当调节幅度调节旋钮，信号发生器输出电压不宜过大，避免共振时因输出振幅过大而超出数字电压表的量程.

2. 实验时所测量的共振曲线是在驱动力恒定的条件下进行的，低频信号发生器的输出幅值一经确定，整个实验过程中都要保持信号发生器的输出幅值不变.

3. 传感器是敏感器件，外面有保护罩防护，实验时不可将保护罩拆除，以免损坏传感器.

4. 加不同质量砝码时要使每次的位置固定，因为不同的位置会引起共振频率的变化.

六、思考题

共振的应用与危害

1. 在测量振动频率与振幅关系的过程中，为什么低频信号发生器输出幅度要保持不变？

2. 举例说明共振现象在实际生活中的应用.

实验十　液体黏度的测定

各种流体都具有不同程度的黏性，黏性是流体的基本属性. 当液体流动时，平行于流动方向的各层流体速度都不相同，即存在着相对滑动，于是在各层之间就有摩擦力产生. 这一摩擦力称黏性力，它的方向平行于接触面而与流动方向相反，其大小与速度及接触面积成正比，比例系数 η 称为黏度，它是表征液体黏性强弱的重要参量.

测定液体的黏度在流体力学、化学、医学、材料科学等领域都有非常重要的意义. 由于直接测量液体的黏度比较困难，一般情况下都采用间接测量的方法，常见的测量方法有毛细管法、圆筒旋转法、落球法等，本实验我们用落球法来测定液体的黏度.

一、实验目的

1. 了解用斯托克斯公式测定液体黏度的原理.
2. 学会用落球法测定液体的黏度.

二、实验仪器

玻璃圆筒（高约 50 cm，直径约 5 cm）、停表、千分尺、游标卡尺、天平、密度计、温度计、小钢球（两种规格各 10 个）、镊子、磁铁、待测液体.

实验原理

三、实验原理

当物体在液体中运动时，粘附在其表面的液层与其相邻液层间有相对运动，物体将受到黏性阻力的作用，黏性阻力不仅与液体分子性质有关，还与液体的温度、压强等有关. 一个半径较小的球在无限深广的液体中运动，液体的黏性较大（比如蓖麻油等），小球下落过程中不产生涡流，根据斯托克斯定律，小球受到的黏性力为

$$F=6\pi\eta vr \qquad (10-1)$$

式中，η 为黏度，v 为小球的运动速度，r 为小球的半径. 由公式可知，黏性阻力 F 与小球的运动速度 v 成正比.

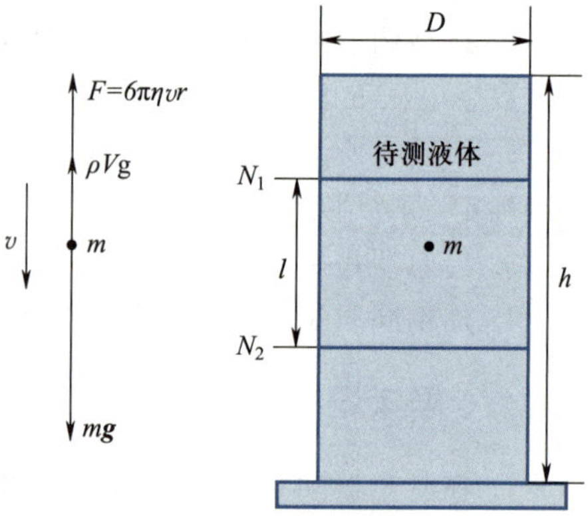

图 10－1　实验装置示意图

本实验装置如图 10－1 所示，小球在液面上方自由下落，落入液体后，小球受到三个力的作用：竖直向下的重力 mg，竖直向上的浮力 ρVg，黏性阻力 $F=6\pi\eta vr$，其中，ρ 为液体的密度. 开始时，小球下落速度较小，黏性阻

力 F 也较小，小球加速下降，随着速度的增大，黏性阻力逐渐增大，速度达到一定值时，作用在小球上的三个力达到平衡，即

$$mg=\rho Vg+6\pi\eta vr \tag{10-2}$$

此后，小球匀速下落，此时的速度称为终极速度. 将 $V=\frac{4}{3}\pi r^3$ 代入式(10－2)，可得

$$\eta=\frac{m-\frac{4}{3}\pi r^3\rho}{6\pi rv}g \tag{10-3}$$

实验中，待测液体盛于容器中，并不满足无限深广的条件，考虑到容器内壁的影响，实际测得的速度 v_0 和理想条件下的速度 v 间存在如下关系：

$$v=v_0\left(1+2.4\frac{r}{R}\right)\left(1+3.3\frac{r}{h}\right) \tag{10-4}$$

式中，R 为盛液体圆筒的内半径，h 为筒中液体的高度，v_0 为实际测得的终极速度，修正后的黏度公式为

$$\eta=\frac{\left(m-\frac{4}{3}\pi r^3\rho\right)g}{6\pi rv_0\left(1+2.4\frac{r}{R}\right)\left(1+3.3\frac{r}{h}\right)} \tag{10-5}$$

另外，斯托克斯公式是在无涡流的理想状态下导出的，实际小球下落时不可能是完全理想的状态，因此还要进行修正. 已知此时的雷诺数 Re 为

$$Re=\frac{2rv_0\rho}{\eta} \tag{10-6}$$

当雷诺数不甚大（一般在 $Re<10$）时，斯托克斯公式修正为

$$F=6\pi rv\eta\left(1+\frac{3}{16}Re-\frac{19}{1080}Re^2\right) \tag{10-7}$$

修正后的黏度测得值 η_0 为

$$\eta_0=\eta\left(1+\frac{3}{16}Re-\frac{19}{1080}Re^2\right)^{-1} \tag{10-8}$$

实验时，先由式(10－5)求出近似值 η，用此代入式(10－6)求出 Re，最后由式(10－8)求出实际的黏度值 η_0.

四、实验内容

1. 如图 10－1 所示，将装有待测液体的玻璃圆筒放在一个水平台面上，在圆筒下方 7～8 cm 和筒底上方 7～8 cm 处，分别设标记 N_1、N_2，用米尺测出 N_1、N_2 的间距 l 及待测液体的高度 h，用游标卡尺测出圆筒的内直径 D，则圆筒的内半径 $R=\frac{D}{2}$.

2. 待测小钢球质量和直径的测量：由于小钢球较小，待小钢球清洗干净擦干后可用天平直接测出 10 个球的质量，再求出同规格单个小钢球的质量；用千分尺分别测出小钢球直径，再取平均值即同规格小钢球的直径.

3. 用镊子取一个小钢球，在圆筒中心轴线处轻轻放入待测液体中，用停表测出小钢球通过

N_1、N_2 间的时间 t，逐一测量10个小钢球下落所需时间，求出 t 的平均值，从而求得小钢球在液体中的终极速度 v_0，数据记录如表10-1所示.

4. 换一组不同规格的小钢球重复测量.
5. 实验结束后用密度计测出待测液体的密度 ρ.
6. 由于温度对液体的黏度有较大的影响，本实验需用温度计测出实验前后的室温 T.
7. 用磁铁将实验用的小钢球从圆筒底部捞出，清洗晾干后放回干净的盒中.

表10-1　小钢球直径、下落时间记录表

n	1	2	3	4	5	6	7	8	9	10
小钢球直径 d/mm										
小钢球通过 N_1、N_2 间的时间 t/s										

五、注意事项

1. 液体密度的测量必须在小钢球的终极速度测量之后才可进行.
2. 实验时液体中应无气泡存在，否则小钢球下落时必受影响.

六、思考题

1. 斯托克斯公式的应用条件是什么？本实验是如何通过修正来满足这些条件的？
2. 本实验中采用停表计时，存在着视差和反应误差，能否用其他方法来提高测量的精度？

实验十一　用弦线振动法测定固体的密度

自然现象中广泛地存在着振动现象，振动在介质中传播会形成波，波的传播有两种形式：纵波和横波．弦线上波的传播规律的研究是力学实验中的一个重要实验，它主要研究弦线振动时波长与张力、振动频率及弦线密度之间的关系，用驻波原理测量横波波长的方法在力学、声学、无线电学和光学等领域都有广泛的应用．本实验通过研究弦线振动时波长与张力的关系来测定待测固体的密度．

一、实验内容

了解弦振动实验仪的工作原理，掌握用驻波法测量横波波长的方法，学会用弦线振动法测定固体的密度．

要求：自行设计实验方案，画出实验原理图，推导出固体密度的计算公式，拟定实验步骤，设计实验数据记录表，完成实验报告．

二、实验器材

弦振动实验仪 1 套、烧杯、蒸馏水、待测固体等．

三、实验原理

在一根拉紧的弦线上，其中张力为 F_T，线密度为 ρ_l，则沿弦线传播的横波应满足下述运动方程：

$$\frac{\partial^2 y}{\partial t^2}=\frac{F_T \partial^2 y}{\rho_l \partial x^2} \tag{11-1}$$

式中，x 为波在传播方向（与弦线平行）的位置坐标，y 为振动位移．将式（11－1）与典型的波动方程

$$\frac{\partial^2 y}{\partial t^2}=v^2\frac{\partial^2 y}{\partial x^2} \tag{11-2}$$

相比较，即可得到波的传播速度：

$$v=\sqrt{\frac{F_T}{\rho_l}} \tag{11-3}$$

若波源的振动频率为 f，横波波长为 λ，由于 $v=f\lambda$，故波长与张力及线密度之间的关系为

$$\lambda=\frac{1}{f}\sqrt{\frac{F_T}{\rho_l}} \tag{11-4}$$

弦线上的波长可利用驻波原理测量. 当两个振幅和频率相同的相干波在同一直线上相向传播时,其所叠加而成的波称为驻波,一维驻波是波干涉中的一种特殊情形. 在弦线上出现的许多静止点为驻波的波节. 相邻两波节间的距离为半个波长.

如图 11-1 所示,弦振动实验仪上金属弦线的一端系在能做水平方向振动的可调频率数显机械振动源的振动簧片上,频率变化在 10～200 Hz 内连续可调,频率最小改变量为 0.01 Hz. 滑轮固定在实验平台上,其产生的摩擦力很小,可忽略不计. 弦线另一端通过定滑轮可悬挂砝码;实验装置上有一个可沿弦线方向左右移动(可撑住弦线)的可动刀口支架. 若弦线下端所悬挂的砝码(包含砝码盘)的质量为 m,则弦线的张力 $F_T=mg$. 当波源振动时,在弦线上形成向右传播的横波;当波传播到可动刀口支架与弦线相切点时,由于弦线在该点受到刀口阻挡而不能振动,波在切点被反射形成了向左传播的反射波. 这种传播方向相反的两列波叠加即形成驻波. 当振动簧片与弦线固定点至可动刀口支架与弦线相切点的长度等于半波长的整数倍时,即可得到振幅较大且稳定的驻波,振动簧片与弦线固定点、可动刀口支架与弦线相切点均为波节. 由于振动簧片与弦线固定点在振动不易测准,实验也可将最靠近振动端的波节作为起始点,用可动支架记录其位置读数,测出该点至可动刀口支架与弦线相切点之间的距离 L:

$$L=n\frac{\lambda}{2} \tag{11-5}$$

其中,n 为任意正整数. 利用式(11-5),即可测量弦上的横波波长 λ.

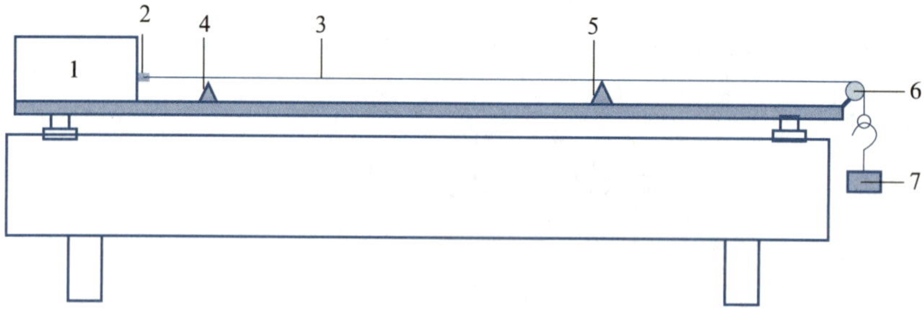

1—振源;2—振动簧片;3—弦线;4—可动支架;5—可动刀口支架;6—滑轮;7—砝码.

图 11-1　弦振动实验仪示意图

四、注意事项

1. 驻波波长须在弦线上出现振幅较大且稳定的驻波时测量.

2. 实验过程中若波源发生机械共振,应减小振幅或改变波源频率,以便于调节出振幅大且稳定的驻波.

实验十二　用光杠杆法测量微小长度的变化

在力学实验中经常会遇到微小长度的测量，比如金属在受热或受到拉力作用时的微小伸长量，常规的测量工具很难准确地进行测量，须采用特殊的测量原理和方法才能准确地对其进行测量. 微小长度的测量方法有很多，常见的有光杠杆法、千分表法、电测法等. 本实验我们利用光杠杆放大原理来测量微小长度的变化.

一、实验内容

1. 利用逐差法测定杨氏模量实验仪中增加三个砝码时金属丝的微小伸长量.
2. 利用光杠杆原理测量载玻片的厚度.

要求：自行设计实验方案（确定实验步骤，设计实验数据记录表等），完成实验报告.

二、实验仪器

杨氏模量实验仪 1 套、砝码、米尺、金属丝、载玻片等.

三、实验原理

用光杠杆法测量微小长度的变化：

带有平面反射镜 M 的光杠杆结构如图 12－1 所示，光杠杆的前后三个足尖构成等腰三角形，后足尖 1 到两前足尖 2、3 连线的距离为 d_1，实验时，将光杠杆的两前足尖置于固定平台 B 的沟槽内，后足尖置于圆柱体 C 上，光杠杆、固定平台 B 及光杠杆前方的尺读望远镜和标尺 S 组成光杠杆测微系统. 光杠杆测量微小长度的变化原理如图 12－2 所示：d_2 为光杠杆两前足尖连线中点到标尺的距离，圆柱体 C 悬挂于金属丝的下端，砝码托盘及砝码挂在圆柱体 C 的下端，初始时使平面反射镜 M 的法线与望远镜中心轴处于同一水平线，此时从望远镜中看到标尺像的读数为 A_0，在砝码盘上增加砝码，金属丝在增加砝码重力的作用下，由 L 伸长到 $L+\Delta L$ 时，光杠杆后足尖 1 随圆柱体 C 下降 ΔL，平面反射镜法线转过的角度为 θ. 根据光的反射定律，反射光线偏转 2θ，此时从望远镜中看到标尺像的读数为 A_1，根据图像可得

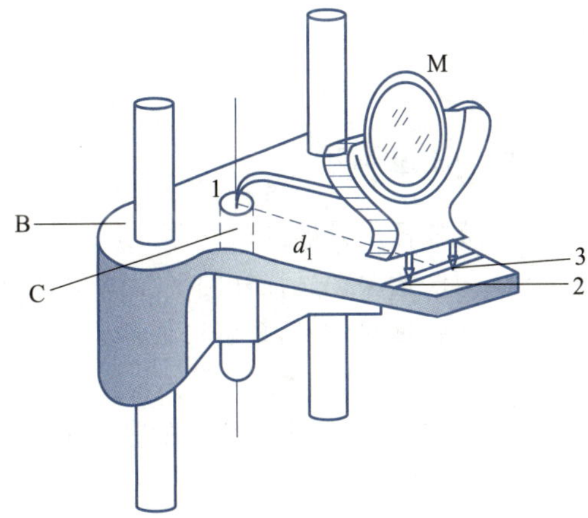

图 12－1　光杠杆结构示意图

$$\tan\theta=\frac{\Delta L}{d_1} \tag{12-1}$$

$$\tan 2\theta=\frac{|A_1-A_0|}{d_2} \tag{12-2}$$

由于 θ 很小，$\tan\theta\approx\theta$，$\tan 2\theta\approx 2\theta$，即 $2\frac{\Delta L}{d_1}=\frac{|A_1-A_0|}{d_2}$，可得

$$\Delta L=\frac{|A_1-A_0|d_1}{2d_2}=\frac{\Delta A d_1}{2d_2} \tag{12-3}$$

上式表明：由于 d_2 远大于 d_1，所以 ΔA 必定远大于 ΔL. 这样，利用光杠杆原理就可以把测量微小长度的变化量 ΔL 转换成测量一个数值较大的标尺读数变化量 ΔA，这就是光杠杆测微系统的放大原理. 实验时，只要测出 d_1、d_2，ΔA 这些比较容易测准的量便可间接地测出金属丝长度的微小变化量 ΔL.

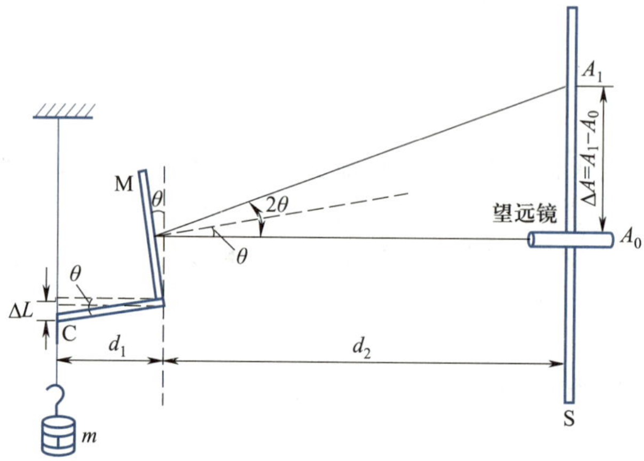

图 12－2　光杠杆测微原理图

四、注意事项

1. 光杠杆是易碎的精密器件，使用过程中要小心轻放，以免打碎镜面.

2. 要注意保护光杠杆的平面镜和望远镜，不要用手触摸镜面，如需擦拭，须用擦镜纸.

3. 实验过程中，不要碰撞仪器，加减砝码时要平稳，砝码缺口交叉放置，每次加减砝码后要等金属丝静止才能读数.

4. 完成实验后，应将所有的砝码取下，以免金属丝疲劳.

第二部分

电磁学篇

测试题

实验十三　数字万用表的使用

万用表可以分为数字万用表和模拟万用表，随着数字电路的快速发展，模拟万用表渐渐被淘汰．数字万用表是实验室中常用的多功能、多量程的电子测量仪器，可用来测量电阻、交直流电压或者电流、二极管的管压降以及三极管的放大倍数等，还可用来检测电路以及排查电路故障．

一、实验目的

1．熟悉数字万用表的结构、理解其工作原理．

2．掌握数字万用表的主要功能以及相关使用方法．

二、实验仪器

数字万用表、硅二极管、电压表、电流表、直流电源、电阻箱、滑动变阻器．

三、实验原理

实验原理

常用的数字万用表按照显示屏幕的位数可分为三位半、四位半以及五位半，其显示的数值分别为1999、19999、199999，位数越高其精度也越高．数字万用表主要有功能量程选择模块、参量转换电路模块、模数(A/D)转换电路模块以及显示器模块等，如图13－1所示．

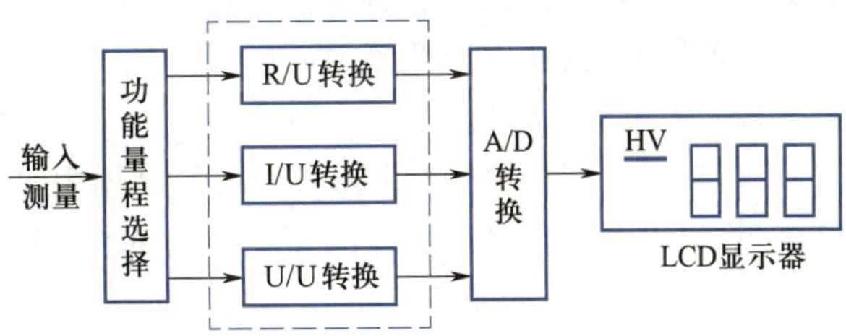

图13－1　数字万用表的组成框图

1．功能选择与量程开关

数字万用表功能有电阻、交流电压、直流电压、交流电流与直流电流等几挡．其量程范围以及各挡量程见表13－1(以UT39型号为例)．

表13－1　数字万用表各功能挡量程

序号	电阻/Ω	交流电压	直流电压	交流电流	直流电压
1					
2					
3					

续表

序号	电阻/Ω	交流电压	直流电压	交流电流	直流电压
4					
5					

2. 各参量转换电路

各个参量(电阻、电流、电压)不能直接被 A/D 转换电路直接读取,需要通过转换电路后才能由 A/D 转换电路读取.

(1) 电阻测量

数字万用表中的电阻测量主要采用的是比例测量法,其电路原理如图 13-2 所示,Z_D 为稳压管,为整个电路提供基准测量电压,此时流过 R_0 与 R_x 的电流基本相等,所以 A/D 转换电路的参考电压 U_{REF} 和输入电压 U_{IN} 有如下关系:

$$\frac{U_{REF}}{U_{IN}}=\frac{R_0}{R_x} \tag{13-1}$$

即

$$R_x=\frac{U_{IN}}{U_{REF}}R_0 \tag{13-2}$$

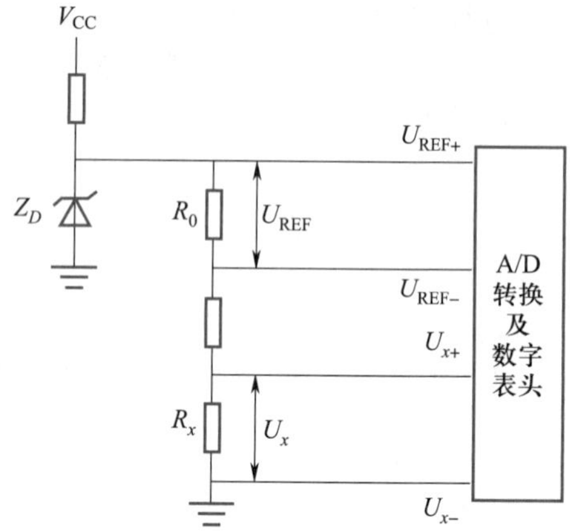

图 13-2　数字万用表电阻测量电路

根据 A/D 转换电路的特性可知,数字表显示的是 U_{IN} 与 U_{REF} 的比值,当 $U_{IN}=U_{REF}$ 时显示"1000",$U_{IN}=\frac{1}{2}U_{REF}$ 时显示"500",以此类推. 当 $R_x=R_0$ 时,表头将显示"1000",当 $R_x=\frac{1}{2}R_0$ 时显示"500",这称为比例读数特性. 因此,只要选取不同的标准电阻并适当地对小数点进行定位,就能得到不同的电阻测量挡.

(2) 直流电压的测量

直流电压测量原理如图 13-3 所示. 从图中可以看出,数字万用表的测量端前增加一级分压电路,可以扩展直流电压测量的量程. U_0 为数字电压表头的量程,R_r 为其内阻,R_{r1}、R_{r2} 为分压电阻,U_{i0} 为扩展后的量程.

由于 $R_r \gg R_{r2}$ 和 R_{r1},所以分压比为

$$\frac{U_0}{U_{i0}}=\frac{R_{r2}}{R_{r1}+R_{r2}} \tag{13-3}$$

扩展后的量程为

$$U_{i0}=\frac{R_{r1}+R_{r2}}{R_{r2}}U_0 \tag{13-4}$$

多量程分压器原理如图 13-4 所示,通过旋转开关调节不同的量程,就能够让数字万用表进行大电压的测量.

(3) 直流电流的测量

测量电流的原理是:根据欧姆定律,用合适的取样电阻把待测电流转换为相应的电压,再进行

测量. 如图 13－5 所示，由于 $R_r \gg R$，取样电阻 R 上的电压降为 $U_i = RI_i$，即被测电流 $I_i = U_i / R$，若数字表头的电压量程为 U_0，欲使电流挡量程为 I_0，则该挡的取样电阻为 $R = U_0 / I_0$. 多量程分流器原理如图 13－6 所示，通过旋转开关调节不同的量程，就能够让数字万用表进行大电流的测量.

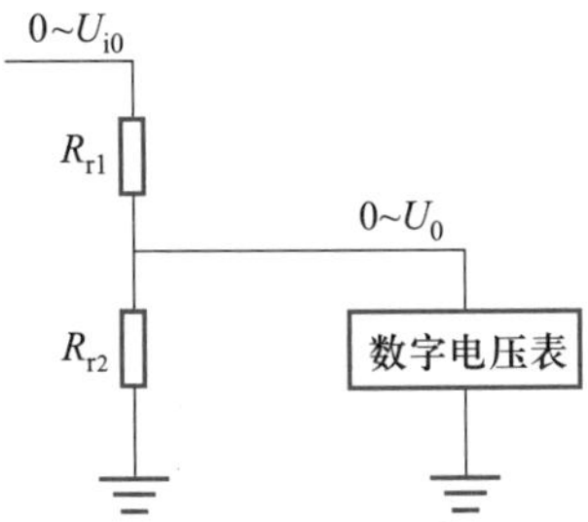

图 13－3　直流电压测量原理图

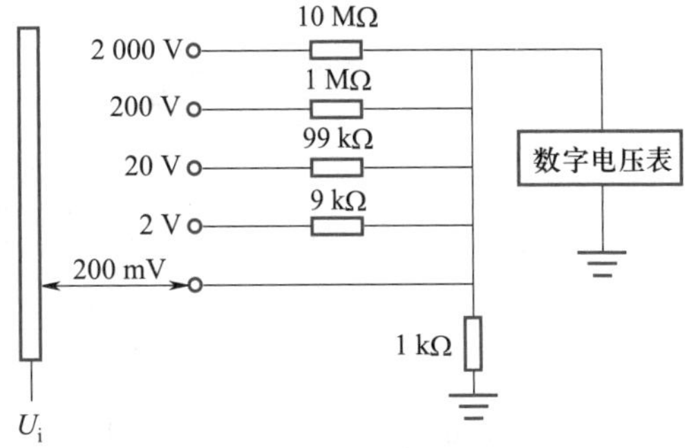

图 13－4　多量程分压器原理图

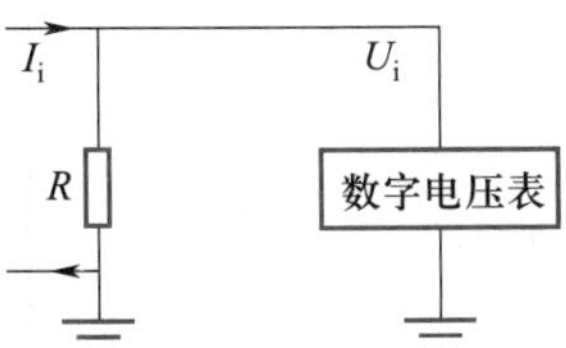

图 13－5　电流测量原理图

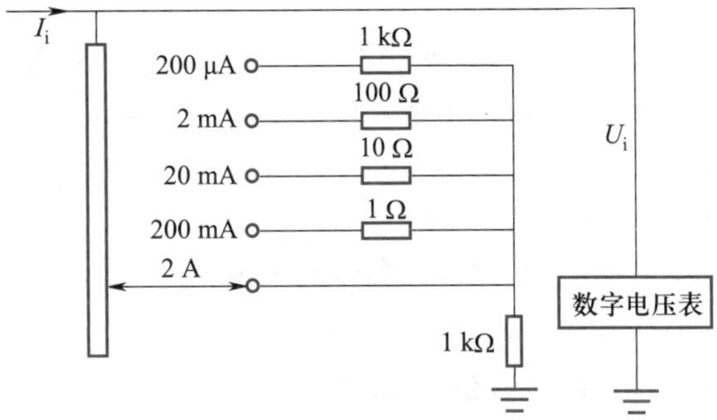

图 13－6　多量程分流器测量原理图

在实际应用中，需要考虑在大电流的测量中对整个仪器电路的保护，所以在实际应用中采用图 13－7 所示的电路. 图中保险管(FUSE)的额定电流是 2 A，电流过大时保险管会被快速熔断，起保护作用；两只反接且与分流电阻并联的二极管 D_1、D_2 为整流二极管，其主要作用是双向限幅、过压保护等.

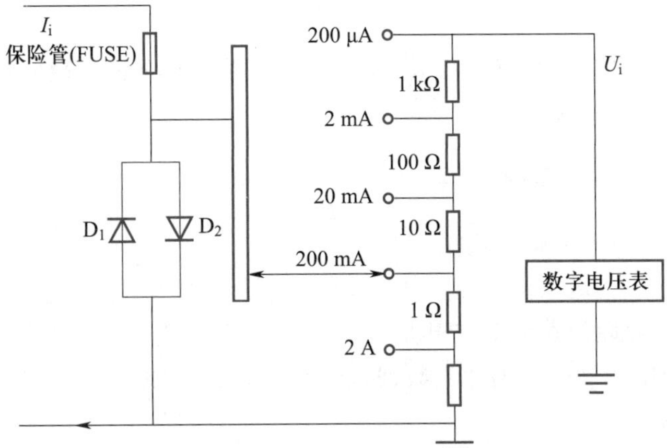

图 13－7　实际应用中多量程电流表测量电路图

(4) 交流电压(电流)的测量

数字万用表中交流电压(电流)测量电路是在直流测量电路的基础上,在分压器或分流器之后增加一级交流-直流转换电路,其原理如图 13-8 所示.

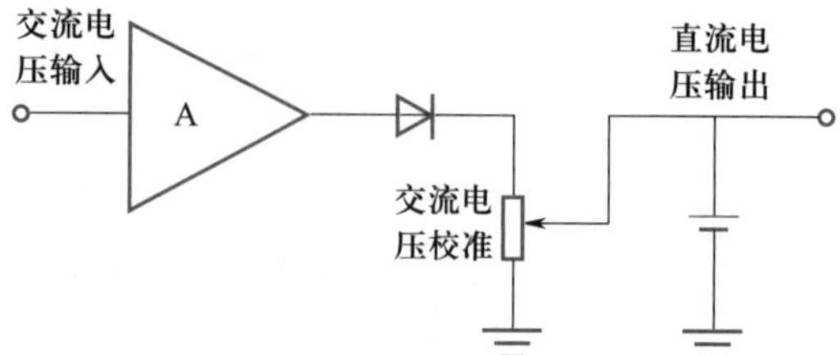

图 13-8 AC-DC 转换电路原理图

该 AC-DC 转换电路主要由运算放大器、*RC* 滤波电路、整流二极管等组成,在 *RC* 滤波电路中包含一个能调节输出电压高低的电位器,其主要功能是对交流电压挡进行校准. 调整该电位器可使数字万用表的表头显示值等于被测交流电压的有效值.

与直流电压挡相类似,基于对耐压与安全方面的考虑,交流电压最高测量值通常限定为 750 V. 数字万用表交流电压、电流挡的频率范围通常为 0～400 Hz,一些特殊型号万用表的测量频率可达 1 kHz.

(5) 二极管测量电路

数字万用表中,测量二极管的电路原理如图 13-9 所示. 根据二极管的伏安特性曲线,当电路中的电压大于工作电压时,二极管两端的电压将保持在开启电压值. 可根据这一原理对二极管进行开启工作电压的测量.

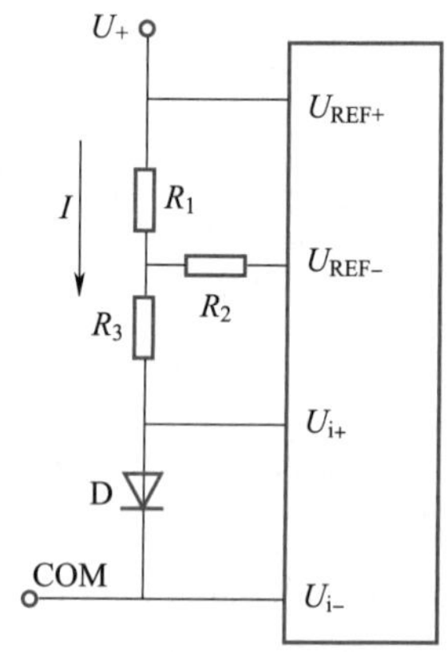

图 13-9 二极管测量原理图

3. A/D 转换电路

A/D 转换电路,又称模数转换电路,其主要功能是将模拟信号(时间连续、幅值连续的模拟量)转换成为数字信号(时间离散、幅值离散的数字量). 按照其工作原理的不同可分为积分型(TLC7135)、逐次逼近型(TLC0831)、并行比较型/串并行型(TLC5510)等.

4. 显示

这部分由液晶驱动电路以及液晶显示模块组成,主要功能是将模数转换后的数据显示在屏幕上,以便测量并读取相关数据.

四、实验内容

实验步骤

1. 直流电压的测量

直流电压的测量如图 13-10 所示,将电压表 V_2 和数字万用电表 V_1 分别并联加在滑动变阻器 *AB* 的两端,其中 R_1 为电阻箱的电阻值,调整 R_1 与 R_2 的电阻值,记录多组 V_1 与 V_2 的测量数据,然后计算相关误差.

2. 直流电流的测量

直流电流的测量如图 13-11 所示,R_2 为电路保护电阻. 将数字万用表 A_1、A_2 转到直流电流测量功能，选择合适的挡位，并把电流表 A_1、A_2 与滑动变阻器串接在一起，调整滑动变阻器的阻值，记录多组 A_1 与 A_2 的测量数据，然后计算相关误差.

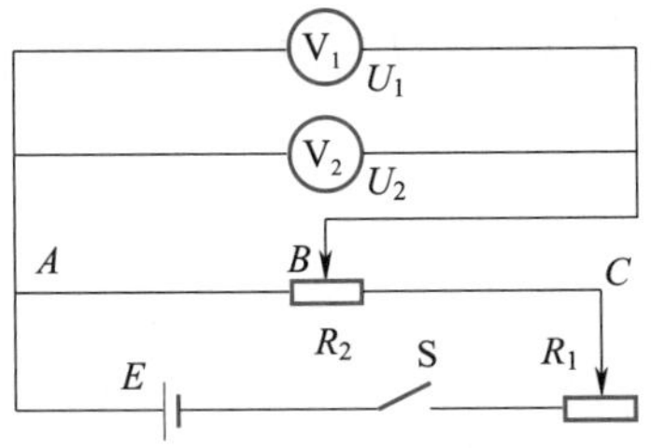

图 13－10　直流电压测量电路图

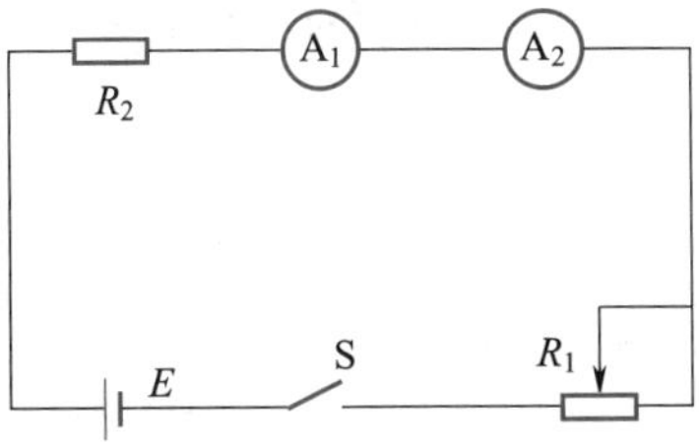

图 13－11　直流电流测量电路图

3. 交流电压的测量

将数字万用表旋转到交流电压功能挡，由于市电有效值约为 220 V，所以选择 250 V 的挡位，将红色表笔与黑色表笔分别插进插座的两个孔进行测量，并记录相关数据.

注意：在测量市电时，两表笔需要同时进出插座的孔，不得一只在孔内、另一只在孔外.

4. 电阻的测量

将电阻箱视为标准电阻，使用数字万用表对不同的电阻值进行测量，并计算相对误差.

5. 二极管开启电压的测量

将数字万用表调到二极管测量挡位，红色表笔对应二极管的正端，黑色表笔对应二极管的负端，记录数据.

五、思考题

万用表的“前世今生”

1. 数字万用表的精度主要由哪一部分决定？提高精度的方法有哪些？
2. 磁电式微安表的内阻能否直接用万用表来测量？为什么？
3. 万用表测量电阻时，什么情况下需要调节欧姆零点？

实验十四　电子示波器的使用

电子示波器是一种使用十分广泛的电子测量仪器.其主要功能是将肉眼不可见的电信号转换成显示屏上的图像信号.按照信号的不同,示波器可分为模拟示波器与数字示波器.模拟示波器采用模拟电路电子枪向荧光屏发射电子,经聚焦形成电子束,并打到涂有荧光物质的荧光屏上;数字示波器通过模数转化器(ADC)将被测电压转化为数字信号,然后通过软件编程重构波形,可以分为数字式存储示波器(DSO)、数字荧光示波器(DPO)和采样示波器.

一、实验目的

1. 了解电子示波器的分类、结构和基本原理,掌握电子示波器的使用方法.
2. 学习使用电子示波器观察电信号,会测量电信号的主要参量(电压、频率或者周期).
3. 学会使用电子示波器的 X-Y 输入模式,观测李萨如图形.

二、实验仪器

模拟信号示波器、数字信号发生器、信号连接线.

实验原理

三、实验原理

电子示波器主要由电子放大系统、扫描触发系统、示波管(CRT)、电源系统等几个模块组成,具体组成如图 14-1 所示.

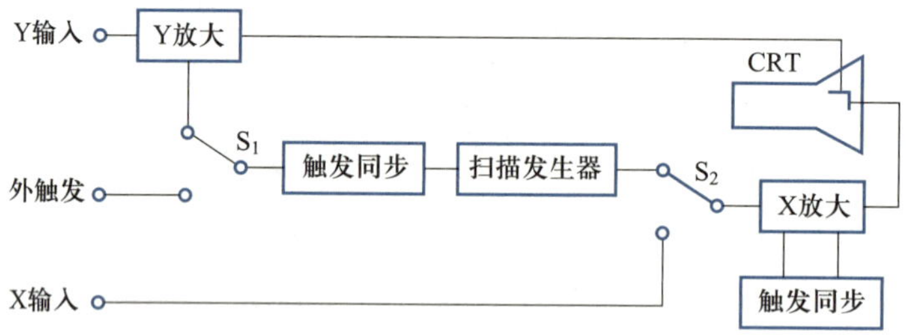

图 14-1　电子示波器原理框图

1. 示波管

示波器中用于显示图像的真空玻璃管被称为阴极射线管,简称示波管,如图 14-2 所示.它是电子示波器的核心部分,正面是涂有一层荧光物质的圆形屏.阴极被钨丝加热后,由于存在热运动,会有大量电子脱离,通过控制栅极且受第一、第二阳极聚焦和加速,形成电子束,轰击到荧光屏上使荧光物质发光,形成亮点.亮点的亮度与通过控制栅极中心小孔的电子密度成正比,改变控制栅极的电压,就可以改变光点亮度,此即辉度(亮度)调节.改变聚焦阳极和加速阳极的电压可以影响电子束的聚焦程度，可实现光点直径最小、图像最清晰，此即聚焦调节．亮点在屏上的位移与偏转板上所加电压成正比，因此，亮点的运动轨迹描绘出纵偏（Y方向）和横偏（X方向）信号合成的图像．

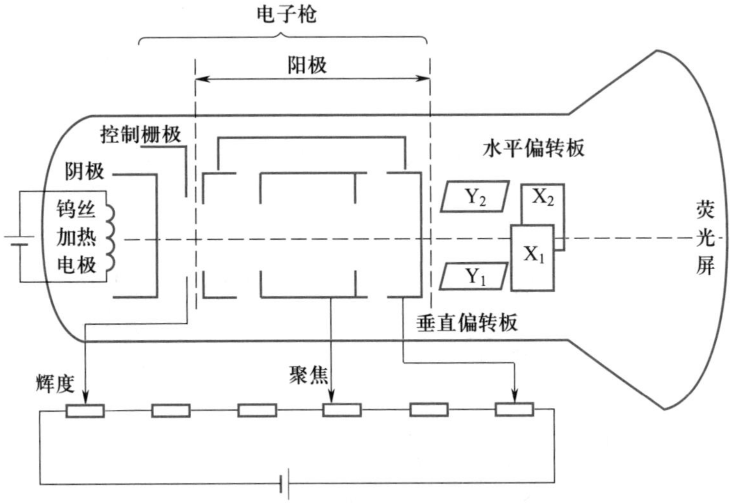

图 14－2　示波管结构示意图

2．电子放大系统

电子放大系统主要包括水平放大系统和垂直放大系统．由于示波管水平（垂直）方向的偏转灵敏度很低，所以接入示波管水平（垂直）偏转板的电压需要经过水平（垂直）放大后，再加到示波管的水平（垂直）偏转板上，得到水平（垂直）方向上适当大小的图形．同时，在水平方向、垂直方向均有位移调节旋钮，用来改变和选择波形的位置．

3．扫描触发系统

扫描触发系统包括扫描发生器和同步电路．该系统可将垂直方向的被测信号展现在荧光屏上，一般需在水平偏转方向加入一个锯齿波线性扫描电压，即 $u_x=kt$．

若只在水平偏转方向上加锯齿波电压，那么显示屏的亮点沿水平方向从左到右做匀速运动返回原点．此时如果锯齿波电压重复产生，该亮点将从左到右往复运动；如果扫描频率逐渐加大，那么亮点会变成一条水平亮线．其中，该过程称为扫描，该水平线称为扫描线，锯齿波电压被称为扫描电压．

从图 14－3 可看出，当锯齿波电压在荧光屏上扫描出的波形重复时，将出现稳定不变的波形图．假如正弦波 u_x 的频率为 50 Hz，则在每一秒内电子束被扫描 50 次，即在屏幕上显示 50 条时间长度等于 T_x 的正弦波图形．只有当这 50 条正弦波图像完全重叠时，才能够在屏幕上出现一个稳定的波形图．以扫描两次为例：如图 14－4(a)所示，如果 T_x、T_y 不能够形成整数倍，那么示波器上不能够得到稳定的图像；而如图 14－4(b)所示，当 $T_x=2T_y$ 即 $f_y=2f_x$ 时，可以得到一个稳定的波形图像．从以上分析可知，得到结构简单、波形稳定的条件是 Y 轴偏转电压频率与 X 轴偏转电压频率成整数比，即

$$f_y/f_x=n,\quad n=1,2,3,\cdots$$

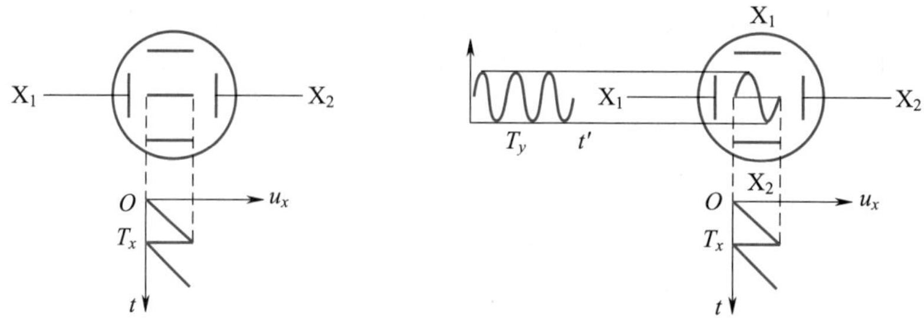

图 14-3　扫描周期性电压示意图

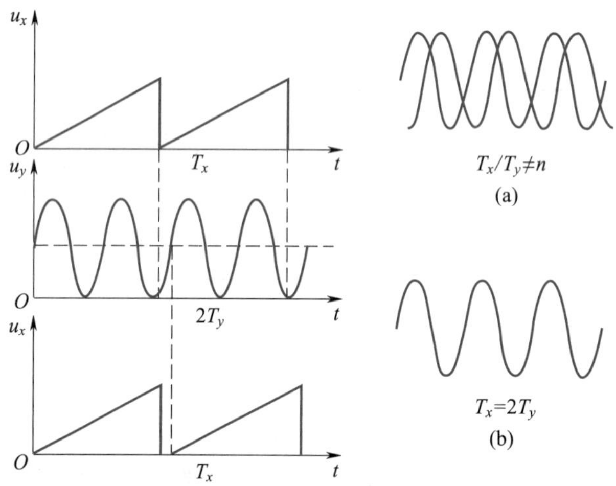

图 14-4　连续两次扫描在荧光屏上观察到的图像

如果锯齿波频率与输入信号频率不满足上式，那么锯齿波每次扫出的正弦波形将不断重复，屏上图像会不断移动或波形复杂，无法对其进行观测. 然而，被测信号频率 f_y 不可能恰好是扫描频率 f_x 的整数倍. 虽然可通过调节 f_x 使其满足整数倍关系，但扫描信号源与被测信号源是独立的，不可能始终满足整数倍关系，因此电子示波器必须具有扫描同步功能. 常用示波器的扫描同步有连续扫描和触发扫描两种方式. 连续扫描是在水平方向产生一个接一个的锯齿波；触发扫描是水平方向（X 轴）所加的锯齿波电压 u_x 和 Y 轴的待测电压 u_y 满足图 14-5 所示关系. 锯齿波的起点由被测信号的斜率与触发脉冲起点共同决定，此时一个锯齿波显示一屏，一个锯齿波结束后，等待 u_y 与电平点触发下一个锯齿波，由于每一屏波形起点与待测信号 u_y 的斜率和电压相同，所以可以使得波形稳定（各屏重叠）. 实验所用仪器为触发扫描，为获得稳定波形，必须先选择好触发信号源，再调整同步电路（面板上的旋钮是触发电平 LEVEL）.

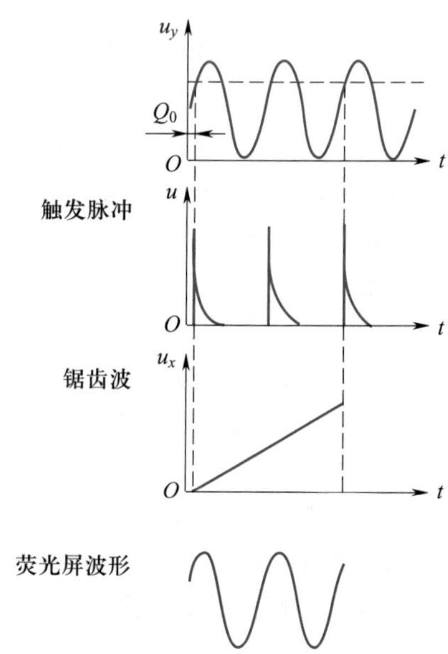

图 14-5　触发扫描

4. 电源系统

电源系统包括低压电源以及高压电源，主要保障电子示波器各个部分能够正常工作.

四、实验内容

1. 亮点调节

实验步骤

打开电源开关(POWER),预热后调整强度(intensity)和聚焦(focus)旋钮,让亮度和清晰度适中.

2. 显示扫描线

示波器上显示有自左向右运动的点,适当改变点的上下位置(POSITION)、扫描频率(TIME/div),使扫描线在显示屏中间的水平标度线上.若扫描线与标度线呈一定角度,调节旋钮至扫描线水平.

3. 观察电压波形,利用波形计算信号相关参量

参考说明书,再结合示波器方框图,熟悉面板上各旋钮的意义.本实验使用信号发生器设置输出正弦波信号,频率分别取 50 Hz 与 5 kHz,输入电压峰峰值为 5 V.用电子示波器显示稳定的波形,读取和计算正弦波的相关参量,并填入表 14-1.以信号源的示值为准,比较示波器所测结果.

表 14-1　对电子示波器上的图像进行测量与计算

信号源参量		电压的测量				频率的测量			
电压 /V	频率 /Hz	格数 /div	分度值 /(V/div)	峰峰值 /V	有效值 /V	格数 /div	分度值 /(s/div)	周期 /s	频率 /Hz

4. 改变频率比,观察李萨如图形

电子示波器可以使用 X-Y 输入模式,如果电子示波器的两个通道都输入正弦交流信号,显示屏上的亮点轨迹将是两个相互垂直的简谐振动合成结果.特别是当两个交流信号的频率相同或是整数比时,显示屏上将呈现特殊形状的光电轨迹,这种轨迹称为李萨如图形,如图 14-6 所示.

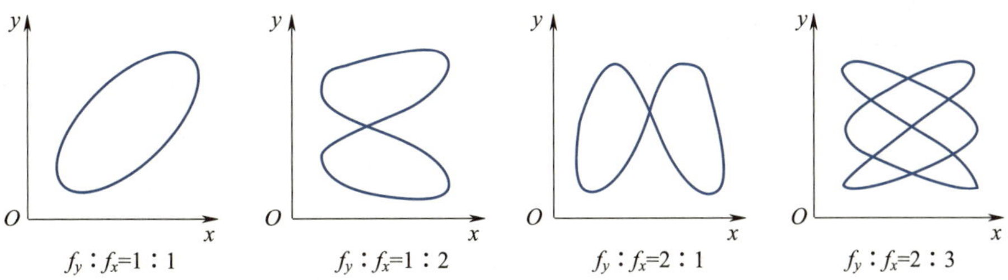

图 14-6　李萨如图形举例

设 Y 轴方向的正弦波信号电压 u_y 的频率为 f_y,X 轴方向的正弦波信号电压 u_x 的频率为 f_x,则李萨如图形与频率比的关系为

$$\frac{f_y}{f_x}=\frac{n_x}{n_y}$$

上式中，n_x 是设想的水平线与李萨如图形相切的切点个数（或者相交最多的交点个数），n_y 是设想的竖直线与李萨如图形相切的切点个数（或者相交最多的交点个数）.

将示波器的扫描速度切换开关（TIME/div）调到 X－Y 模式，且两个信号源输出正弦信号，分别输入 Y 轴与 X 轴. 调节两信号源的频率，根据示波器上的图形，将数据记入表 14－2.

表 14－2　李萨如图形的数据表格

$f_y : f_x$	1∶1	1∶2	2∶1	3∶2	2∶3
李萨如图形					
n_x					
n_y					
f_y/Hz					
f_x/Hz					

五、实验要求

给定任意待测波形，在打乱示波器所有旋钮的情况下学生能调出稳定波形，并准确地测量相关的电压和时间. 要求：思路清晰，操作规范.

六、思考题

1. 实验中，如果示波器上没有任何信号显示，可能的原因有哪些？
2. 示波器上图形不断向右移，扫描频率是偏高还是偏低？
3. 两通道使用不同的相位差，观察李萨如图形是如何变化的.
4. 在李萨如图形中，相交最多交点数的比值与相切切点数的比值是什么关系？
5. 将两个完全相同的正弦信号输入示波器的 X 和 Y 两个通道，它们合成的李萨如图形是什么样的？

示波器的发明者——布劳恩

实验十五　用惠斯通电桥测电阻

电阻的测量在电磁学实验中非常普遍，而且测量电阻的方法也非常多，如色环读取、万用电表读取、伏安法、电桥法等.本实验采用惠斯通电桥的方法测电阻.

一、实验目的

1. 掌握惠斯通电桥测量电阻的原理和方法.
2. 了解惠斯通电桥灵敏度的概念及其对电桥测量精度的影响.
3. 了解提高电桥灵敏度的几种途径.

二、实验仪器

直流电压源、滑动变阻器、检流计、电阻箱、待测电阻、数字万用表以及开关.

三、实验原理

实验原理

惠斯通电桥采用的是比较法测电阻，主要由比例臂、检流计、比较臂等构成桥式电路.在测量电阻时，将被测电阻与已知电阻按照比例关系进行比较得到结果，采用这种方法测量简单方便且精度高，可测电阻范围为 $1\sim10^6\ \Omega$，即中值电阻.

1. 惠斯通电桥工作原理

惠斯通电桥的工作原理如图 15-1 所示，菱形四条臂上的电阻 R_0、R_1、R_2、R_x 组成电桥.当 B、D 两点间的电压相等时，检流计上无电流流过(指针位于 0 位置)，此时电桥达到平衡.平衡时，必须满足：

$$R_x=\frac{R_1}{R_2}R_0 \tag{15-1}$$

实验中，如果 $(R_1/R_2)R_0$ 已知，那么 R_x 可以间接测得.电路中 (R_1/R_2) 称为比例臂，R_0 称为比较臂，而 R_x 为测量臂.变阻器 R_i 与 R_E 在电路中主要用来分压，进而起到保护检流计的作用.

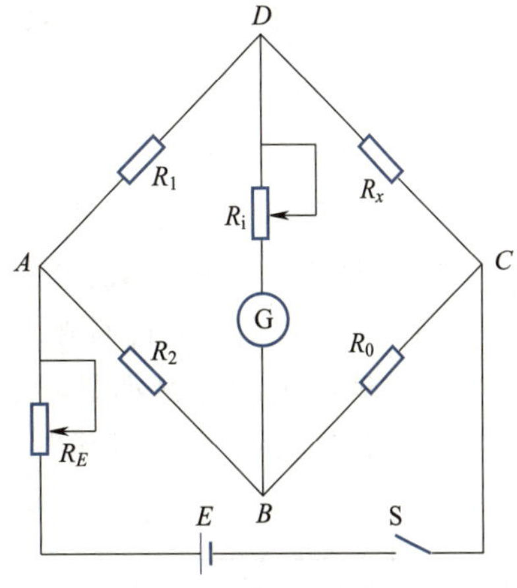

图 15-1　惠斯通电桥测量电阻原理图

2. 惠斯通电桥的灵敏度

电桥灵敏度是电桥测量技术的一个重要指标，主要用电桥测量臂的单位相对变化量引起的电流变化来表示.实验中，在检流计的灵敏度范围内，电桥的平衡与否可通过检流计的指针有无偏转来判断.

假设电桥在 $R_1/R_2=1$ 时调到平衡，此时有 $R_x=R_0$. 在 R_0 上增加一个小量 ΔR_0，则电桥处于不平衡状态，将有一个微小电流 I_G 流过检流计，若检流计检测不到电流 I_G（即指针没有发生变化），则认为电桥是平衡的. 由此可引入电桥灵敏度的定义：

$$S=\frac{\Delta n}{\Delta R_x/R_x} \tag{15-2}$$

式中，ΔR_x 是电桥平衡后 R_x 的微小改变量（在实际测量中待测电阻 R_x 是不能改变的，可通过调节比较臂电阻 R_0 的微小变化 ΔR_0 来测量电桥灵敏度）；Δn 是 ΔR_x 引起的电桥不平衡造成的检流计偏转的格数，由此可以得到，Δn 越大，电桥灵敏度越高，测量误差越小.

实验步骤

四、实验内容

1. 惠斯通电桥测量电阻

（1）使用数字万用表初步测量待测电阻 $R_x=$________；

（2）根据图 15-1 连接电路，R_0、R_1、R_2 使用电阻箱，其中比例臂 R_1、R_2 的电阻值不能过小，可取 $R_1=R_2=500\ \Omega$；

（3）电路连接完成后，检查保护电阻 R_i 和 R_E 是否处于最大值（不在最大值时应调节到最大）；

（4）打开直流电源，检查电路是否连接正确，通过调节 $R_0\gg R_x$（$R_0=R_x+100\ \Omega$）与 $R_0\ll R_x$（$R_0=R_x-100\ \Omega$），观察两次检流计发生偏转的方向是否相反，若相反则认为电路连接正确，否则需重新连接电路.

（5）调节 R_0，使检流计发生的偏转越来越小，同时慢慢降低 R_i 和 R_E 的阻值直至为零，继续调节 R_0，直至检流计在零位置不发生偏转，记录 R_0. 调节 R_1、R_2 的比例值或位置，重复上述测量，记录数据在表 15-1 中.

表 15-1　不同比例臂下测定 R_0 值

比例值	1∶1	1∶2	2∶1	2∶3	3∶2
R_1					
R_2					
R_0					
R_x					

（6）计算测得数据以及其不确定度.

2. 电桥相对灵敏度的测量（数据记录在表 15-2 中）

（1）调节 R_1、R_2 的比例值为 1（$R_1=R_2=500\ \Omega$），记录 $R_0=R_x=$__________；

（2）调节 R_0 产生微小变化量 ΔR_0，读取检流计发生偏转的示数 Δn；

（3）根据式（15-2），计算电桥的相对灵敏度 S.

表 15-2　在比例臂为 1∶1 情况下

	1	2	3
R_x			
R_0			

续表

	1	2	3
Δn			
S			

五、思考题

1. 电桥灵敏度与哪些因素有关？

2. 电桥灵敏度越高越好吗？

3. 假如在测量过程中检流计始终偏向一边，或总不偏转，无法调到平衡，试解释为什么会出现这种情况.

4. 怎样消除由比例臂 R_1、R_2 不准确引起的误差？

5. 能否用电桥测量电流计的内阻？

检流计的小故事

实验十六　霍尔效应

在浩瀚的宇宙中，空间站与太空实验室能够让人类长时间停留在太空，它们距离地面大约 400 km. 由于受微重力与稀薄空气的影响，空间站的轨道会慢慢下降，以国际空间站为例，每个月会下降 2000 多米，如果不干预，经过数年就会在大气层坠毁. 为了克服微重力的影响，国际空间站的发动机每年耗费高达 4 t 的燃料，如果有倾角调整，耗费的燃料会更多. 而燃料需要由货运飞船克服地球重力送上太空，使得每年仅添加燃料费就达数亿元. 但中国空间站的此项费用却很低，这主要得益于“天和”号空间站上的霍尔发动机，该空间站共装配 30 台发动机，除 26 台常规发动机外还有 4 台由上海空间推进研究所研制的创新性发动机——霍尔发动机，这是人类首次将霍尔发动机搬上空间站.

霍尔发动机的工作原理是利用霍尔效应使推进剂（氢气、氙气、氩气）受到电子撞击后变成离子状态，这些离子经电场加速后，再中和离子变成原子，最终能让喷射出的气体加速至 10 km/s 以上，最快可达 80 km/s. 相比之下，传统火箭发动机产生的气流速度只有 2～4 km/s. 由此可知，霍尔发动机使用的推进剂不是通过燃烧来产生动力，而是用产生离子来推动的.

霍尔发动机是基于霍尔效应原理工作的. 霍尔效应是 1879 年美国物理学家霍尔（E. H. Hall，1855—1938 年）在研究金属导电机制时发现的一种电磁效应，即当电流垂直于外磁场通过半导体时，载流子发生偏转，垂直于电流和磁场方向会产生一附加电场，从而在半导体的两端形成电势差，称为霍尔电势差. 现如今，霍尔效应不仅成为测定半导体材料电学参量的主要手段，而且利用该效应制成的霍尔器件也已广泛用于非电学量的电测量、自动控制和信息处理等方面. 在工业生产要求自动检测和控制的今天，作为敏感元件之一的霍尔器件，将会有更广泛的应用前景. 熟悉并掌握这一实验的原理与操作对今后的工作十分必要.

一、实验目的

1. 了解霍尔效应实验原理以及有关霍尔器件对材料要求的知识.
2. 学习用“对称测量法”消除副效应的影响，测量试样的 $V_H - I_S$ 和 $V_H - I_M$ 曲线.
3. 测量电磁铁空气隙中的磁场分布.

二、实验仪器

FB510C 型霍尔效应实验仪 1 套（测试仪与测试架各 1 台）.

三、实验原理

实验原理

1. 霍尔效应

霍尔效应从本质上讲是运动的带电粒子在磁场中受洛伦兹力作用而引起的偏转. 当带电粒子(电子或空穴)被约束在固体材料中时,这种偏转就造成在垂直电流和磁场方向产生正负电荷的聚积,从而形成附加的横向电场,即霍耳电场 E_H. 如图 16－1 所示的半导体试样,若在 X 方向通以电流 I_S,在 Z 方向加磁场 B,则在 Y 方向即试样 $A-A'$电极两侧就开始聚集异号电荷而产生相应的附加电场. 电场的指向取决于试样的导电类型. 对图 16－1(a)所示的 n 型试样,霍耳电场与 Y 方向反向,图 16－1(b)的 p 型试样,霍尔电场则与 Y 方向同向,即

$$E_H(Y)<0\Rightarrow(\text{n 型})\qquad E_H(Y)>0\Rightarrow(\text{p 型})$$

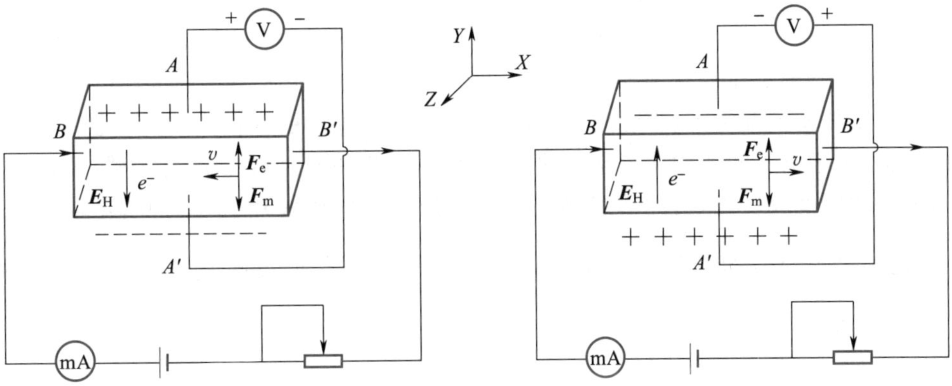

(a) 载流子为电子(n型)　　(b) 载流子为空穴(p型)

图 16－1　霍尔效应实验原理示意图

显然,霍尔电场 E_H 会阻止载流子继续向侧面偏移,当载流子所受的横向电场力 eE_H 与洛伦兹力 $e\bar{v}B$ 相等时,样品两侧电荷的积累就达到动态平衡,故有

$$eE_H=e\bar{v}B \tag{16-1}$$

其中,E_H 为霍尔电场,$\bar{v}$ 是载流子在电流方向上的平均漂移速度.

设试样的宽度为 b,厚度为 d,载流子浓度为 n,则:

$$I_S=ne\bar{v}bd \tag{16-2}$$

由(16－1)、(16－2)两式可得

$$V_H=E_Hb=\frac{1}{ne}\frac{I_SB}{d}=R_H\frac{I_SB}{d} \tag{16-3}$$

即霍尔电压 V_H(A、A'电极之间的电压)与乘积 I_SB 成正比,与试样厚度 d 成反比. 比例系数 $R_H=\frac{1}{ne}$称为霍尔系数,它是反映材料霍尔效应强弱的重要参量. 只要测出 V_H(V)以及知道 I_S(A)、B(T)和 d(cm),就可按下式计算 R_H (cm^3/C):

$$R_H=\frac{V_Hd}{I_SB}\times10^4 \tag{16-4}$$

式中的 10^4 是由于公式中长度单位为 cm.

2. 霍尔系数 R_H 与其他参量间的关系

根据 R_H 可进一步确定以下参量：

(1) 由 R_H 的符号(或霍尔电压的正负)判断样品的导电类型. 判别的方法是按图 16－1 所示的 I_S 和 B 的方向，若测得 $V_H = V_{A'A} < 0$，即 A 点电势高于 A'点的电势，则 R_H 为负，样品为 n 型；反之则为 p 型.

(2) 由 R_H 求载流子浓度 n. 即 $n = \frac{1}{|R_H|e}$. 应该指出的是，这个关系式是假定所有载流子都具有相同的漂移速度得到的，严格一点来说，如果考虑载流子速度分布的统计规律，需引入 $\frac{3\pi}{8}$ 的修正因子(可参阅黄昆、谢希德所著《半导体物理学》).

3. 霍尔效应与材料性能的关系

由前述可知，要得到大的霍尔电压，关键是选择霍尔系数大(即迁移率高、电阻率 ρ 亦较高)的材料. 因 $|R_H| = \mu\rho$，就金属导体而言，μ 和 ρ 均很低，而不良导体的 ρ 虽高，但 μ 极小，因而上述两种材料的霍尔系数都很小，不能用来制造霍尔器件. 半导体的 μ 高，ρ 适中，是制造霍尔器件较理想的材料，由于电子的迁移率比空穴的迁移率大，所以霍尔器件多采用 n 型材料. 霍尔电压的大小与材料的厚度成反比，因此薄膜型霍尔器件的输出电压较片状要高得多. 就霍尔器件而言，其厚度是一定的，所以实际用上采用 $K_H = \frac{1}{ned}$ 来表示器件的灵敏度，K_H 称为霍尔灵敏度，单位为 mV/(mA・T).

4. 霍尔电压 V_H 的测量方法

值得注意的是，在产生霍尔效应的同时，因伴随着各种副效应，以致实验测得的 $A - A'$两极间的电压并不等于真实的霍尔电压 V_H，而是包含了各种副效应所引起的附加电压，因此必须设法消除. 根据副效应产生的机理，可采用电流和磁场换向的对称测量法把副效应的影响降低. 即在规定了电流和磁场的正、反方向后，分别测量由下列四组不同方向的 I_S 和 B 组合的 $V_{A'A}$(A、A'两点的电势差)，即

$$+B, +I_S \qquad V_{A'A} = V_1$$
$$-B, +I_S \qquad V_{A'A} = V_2$$
$$-B, -I_S \qquad V_{A'A} = V_3$$
$$+B, -I_S \qquad V_{A'A} = V_4$$

然后求 V_1、V_2、V_3 和 V_4 的代数平均值：

$$V_H = \frac{V_1 - V_2 + V_3 - V_4}{4} \tag{16-5}$$

通过上述的测量方法，虽不能完全消除所有副效应，但剩余副效应引入的误差不大，可忽略不计.

实验步骤

四、实验内容

根据实验仪连接框图 16－2 把连接线接好(注意：插头的插针数要与插座对应，凸条与凹槽对准，以免损坏仪器).

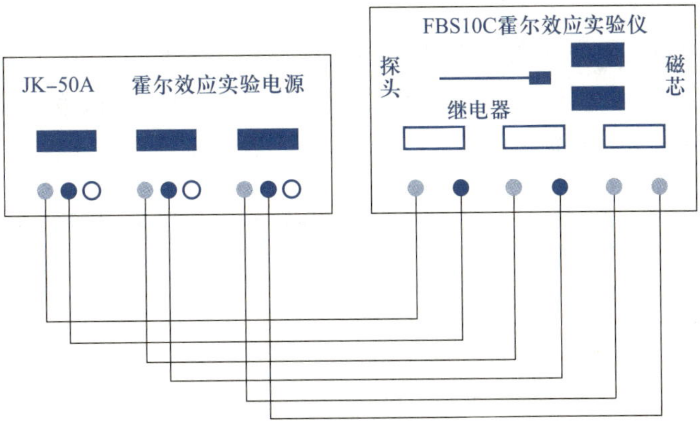

图 16-2　霍尔效应实验仪连接框图

调零：调节励磁电流 I_M、霍尔工作电流 I_S 均为 0，按“测量选择”按钮，切换至“V_H”挡（mV 灯亮），旋“调零”至 V_H 表为 0（之后不需再调）.

特斯拉计：按“测量选择”按钮，V_H 表切换成特斯拉计，即“mT”挡（mT 灯亮），微调仪器后面板小孔可校正特斯拉计（出厂已校准，一般无需再调）.

1. 测绘 V_H-I_M 曲线

先将霍尔传感器放置在电磁铁气隙外，离气隙中心 20～23 mm，调霍尔工作电流 $I_S=3.00$ mA，预热 5 min 后，调节霍尔传感器位置，使传感器印板上基准线对准刻度尺 0 处，即传感器处于电磁铁气隙中心，调节励磁电流为 $I_M=100$ mA，200 mA，…，1000 mA，用实验仪面板相应按钮控制继电器进行励磁电流方向、霍尔器件工作电流方向的切换（有指示灯显示），测量每次改变后的 V_H（分别记为 V_1，…，V_4），将实验测量数据记入表 16-1 中.

表 16-1　测绘 V_H-I_M 关系曲线实验数据记录表　$I_S=3.00$ mA

I_M/mA	V_1/mV $+B,+I_S$	V_2/mV $-B,+I_S$	V_3/mV $-B,-I_S$	V_4/mV $+B,-I_S$	$V_H=\frac{V_1-V_2+V_3-V_4}{4}$/mV
100					
200					
300					
400					
500					
600					
700					
800					
900					
1000					

2. 测绘 $V_H - I_S$ 曲线

把霍尔传感器调到电磁铁气隙中心，保持 I_M 绝对值不变(取 $I_M=600$ mA)，改变 I_S 的值(0.50 mA，1.00 mA，…，4.00 mA)，用实验仪面板按钮控制继电器改变电流方向(有指示灯显示)，测量每次改变后的 V_H(分别记为 V_1，…，V_4)，将实验测量数据记入表 16－2 中.

表 16－2 测绘 $V_H - I_S$ 关系曲线实验数据记录表 $I_M=600$ mA

I_S/mA	V_1/mV $+B,+I_S$	V_2/mV $-B,+I_S$	V_3/mV $-B,-I_S$	V_4/mV $+B,-I_S$	$V_H=\frac{V_1-V_2+V_3-V_4}{4}$/mV
0.50					
1.00					
1.50					
2.00					
2.50					
3.00					
3.50					
4.00					

3. 测定霍尔器件灵敏度 K_H

调节励磁电流 $I_M=300$ mA，在电磁铁气隙中心处(与霍尔传感器同位置，即传感器印板上基准线对准刻度尺 0 处)用特斯拉计测磁场 B 三次，计算平均值. 取表 16－1 中 $I_M=300$ mA 对应的 V_H(平均值)，计算霍尔器件灵敏度 K_H[$K_H=V_H/(I_S B)$，单位为 mV/(mAT)].

4. 测绘 $B - X$ 曲线

按"测量选择"按钮，将 V_H 表切换成特斯拉计，即"mT"挡(mT 灯亮)，保持 I_S、I_M 值不变(取 $I_S=3.00$ mA，$I_M=300$ mA)，改变霍尔传感器在电磁铁气隙水平方向(X)位置，测量磁场 B 的值(mT)，或者计算磁场 B 的值($B=V_H/K_H I_S$，单位为 mT). 将测量数据记入表 16－3 中.

表 16－3 电磁铁气隙沿水平方向的磁场分布数据表格($I_S=3.00$ mA，$I_M=300$ mA)

X/mm	B/mT
−20	
−18	
−16	
…………	
0	
…………	
10	

续表

X/mm	B/mT
12	
14	
20	

5. 数据与结果

(1) 在毫米方格纸上画出 $V_H - I_M$ 曲线.

(2) 在毫米方格纸上画出 $V_H - I_S$ 曲线.

(3) 根据表格中数据作 $B - X$ 关系曲线.

五、思考题

1. 霍尔电压是怎样形成的？它的极性与磁场和电流方向(或载流子浓度)有什么关系？
2. 如何观察不等势效应？如何消除它？
3. 测量过程中哪些量要保持不变？为什么？
4. 换向开关的原理是什么？测量霍尔电压时为什么要接换向开关？
5. I_S 可否用交流电源(不考虑表头情况)？为什么？

实验十七　用模拟法描绘静电场

静电场是指观察者与电量均不随时间变化且电荷相对静止时所观察到的电场.它是电荷周围空间存在的一种特殊形态物质,其基本特征是对置于其中的静止电荷有力的作用,库仑定律描述了这个力.

模拟法是一种重要的科学研究方法,是指以一定的假设条件和数据为前提,先设计出与被研究现象或过程(即原型)相似的模型,然后通过模型间接地研究原型规律的实验方法.模拟法可分为物理模拟法和数学模拟法,物理模拟法是指同一物理本质的模拟方法;数学模拟法是依赖于数学形式的相似而进行的模拟方法.

一、实验目的

1. 利用模拟法测量静电场的分布规律.
2. 加深对电场强度和电势概念的理解.
3. 学会用作图法处理数据.

二、实验仪器

静电场描绘仪(双层电极架、同步探针、直流电源兼电压检测)、水槽电极(四种,如图 17 - 1 所示)、坐标纸.

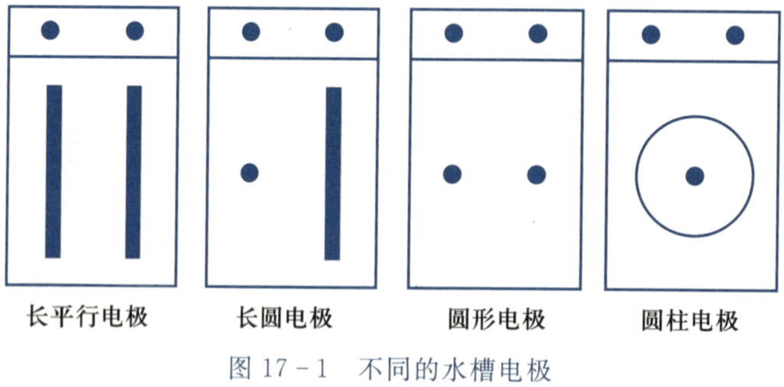

图 17 - 1　不同的水槽电极

实验原理

三、实验原理

带电导体放置在一个空间中,则会产生电场,电场分布在空间中.该空间分布可以用物理量电场强度 $\boldsymbol{E}$ 或电势 U 来描述,其中电势是标量.为了方便测量,我们通过探索静电场的电势 U 的空间分布来描绘静电场.但直接测量或描绘静电场是困难的,其主要原因有:①静电场中的电荷一般暴露在介质(如空气)中,电荷的数量不稳定,将随时间减少；②若用静电式仪表测量，那么仪表的金属探头将会使原静电场发生显著变化．所以我们采用模拟法，建立一个与静电场有相似数学表达式的模拟场，通过对模拟场的测定，间接获得原静电场的分布．目前常见的实验方法有恒定电场（直流）法与交变电场（交流）法两种．

1．直流法（恒定电场法）

若空间不存在自由电荷，各向同性线性介质中的静电场满足：

$$\begin{cases}\oint \boldsymbol{D}\cdot \mathrm{d}\boldsymbol{S}=0, & D_{1n}=D_{2n}\\ \oint \boldsymbol{E}\cdot \mathrm{d}\boldsymbol{l}=0, & E_{1t}=E_{2t}\\ \boldsymbol{D}=\varepsilon\boldsymbol{E}=\varepsilon_0\varepsilon_r\boldsymbol{E}\end{cases}$$

式中，$\boldsymbol{D}$ 为电位移，$\boldsymbol{E}$ 为电场强度，ε_r 为介质的相对电容率，下标 n 表示法向，t 表示切向，1、2 表示边界两侧的介质．

而在各向同性导电介质中，恒定电流场的电流密度 $\boldsymbol{j}$，电场强度 $\boldsymbol{E}$ 满足：

$$\begin{cases}\oint \boldsymbol{j}\cdot \mathrm{d}\boldsymbol{S}=0, & j_{1n}=j_{2n}\\ \oint \boldsymbol{E}\cdot \mathrm{d}\boldsymbol{l}=0, & E_{1t}=E_{2t}\\ \boldsymbol{j}=\sigma\boldsymbol{E}\end{cases}$$

式中，σ 为导电介质的电导率．

比较上述两组方程，可知 $\boldsymbol{D}$、$\boldsymbol{E}$、ε 与 $\boldsymbol{j}$、$\boldsymbol{E}$、σ 一一对应，因此可用导电介质中分布的恒定电流场来模拟电介质中的静电场，这是本模拟实验的依据．必须注意的是，静电场中带电导体表面是一个等势面，电流场中电极的表面也应是等势面，所以要求电流场金属电极的电导率远大于导电介质的电导率．

因直接测量电场强度比较困难，故我们不直接测量电场的电场强度分布，而是先测出它的等势面分布，然后根据电场强度与电势的关系，由等势面的分布描绘出电场线的分布．

2．交流法（交变电场法）

在直流法中，采用导电纸作为导电介质，要求其薄、均匀以及与电极的接触电阻远小于导电介质的电阻；由于探针不断和导电纸接触，导电纸容易损坏．以上缺点使得导电纸不适合在教学中使用．为克服上述问题，实验中采用水作为导电介质．这是因为水是一种分布均匀、导电性能良好且取材方便的介质．但如果在两个电极间加上恒定电压，就会使电极表面氧化，因此，改直流电压为交变电压．图 17－2 为静电场描绘仪的工作原理图．220 V 电压经过变压器转换成为 15 V 的

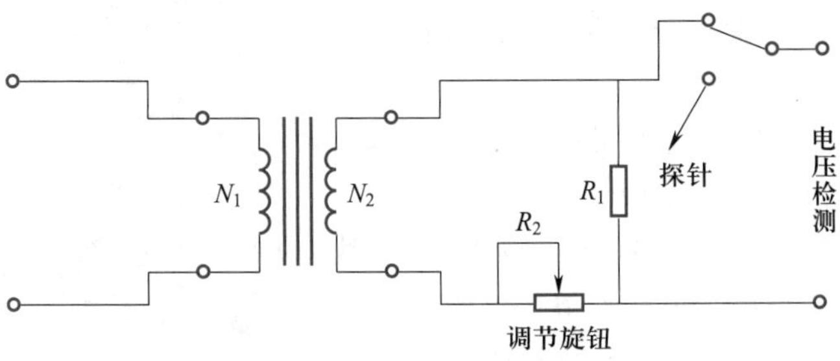

图 17－2　静电场测量示意图

交流电压，经过调节旋钮可输出 0～15 V 之间的电压；变换开关用来转换显示电压值，当开关与上端相连时，显示屏输出施加的电源电压值，当开关与下端相连时，显示屏显示探针的电压值.

3. 两无限长带等量异号电荷的同轴圆柱面的静电场

图 17－3 给出两无限长带等量异号电荷的同轴圆柱面截面，设内圆柱体半径为 a，电势为 U_a；外层圆柱面内半径为 b，电势为 U_b，则静电场中距离轴心为 r 处的电势 U_r 可表示为

$$U_r = U_a - \int_a^r E\,\mathrm{d}r \tag{17-1}$$

根据高斯定理，电荷均匀分布的无限长圆柱体的电场强度大小为

$$E = \frac{c}{r}\quad（当\ a<r<b\ 时） \tag{17-2}$$

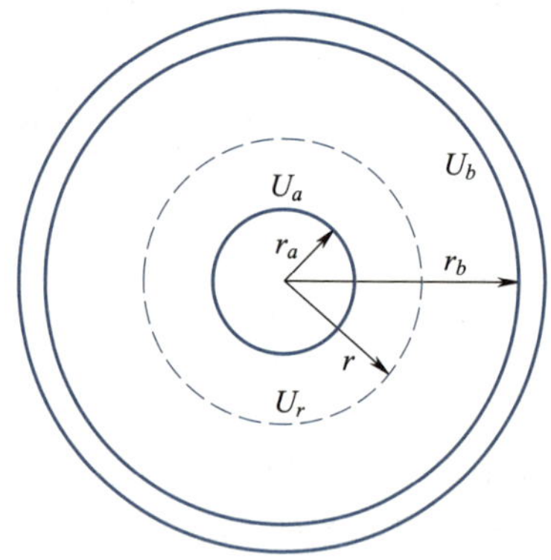

图 17－3　带电同心圆柱面

式中 c 由圆柱体上电荷线密度决定. 由以上两式可得

$$U_r = U_a - \int_a^r E\,\mathrm{d}r = U_a - c\ln(r/a) \tag{17-3}$$

由于 $r=b$ 处，$U_r=U_b$，即 $U_b = U_a - c\ln(b/a)$，则有

$$c = \frac{U_a - U_b}{\ln(b/a)} \tag{17-4}$$

将式(17－4)代入式(17－3)，并取 $U_a=U_0$，$U_b=0$，整理得

$$U_r = U_0\frac{\ln(b/r)}{\ln(b/a)} \tag{17-5}$$

或

$$\ln r = \ln b - \frac{U_r}{U_0}\ln(b/a) \tag{17-6}$$

实验时，可将电流场的测量值与上式的计算值进行比较.

实验步骤

四、实验内容

1. 静电场等势线描绘

(1) 将电源线与水槽电极、探针电极按图 17－4 所示连接，并用水覆盖水槽电极的金属电极.

(2) 将静电场描绘仪拨到电源输出电压挡，并调到 12 V.

(3) 将静电场描绘仪拨到电压探测挡，然后用探针台记录电势点(2 V、4 V、6 V、8 V、10 V).

(4) 在坐标纸上至少描绘五条不同的电势，每条线上至少 8 个点，最后用铅笔连接，并标明等势电压.

(5) 在等势线上标明电压与电场的方向.

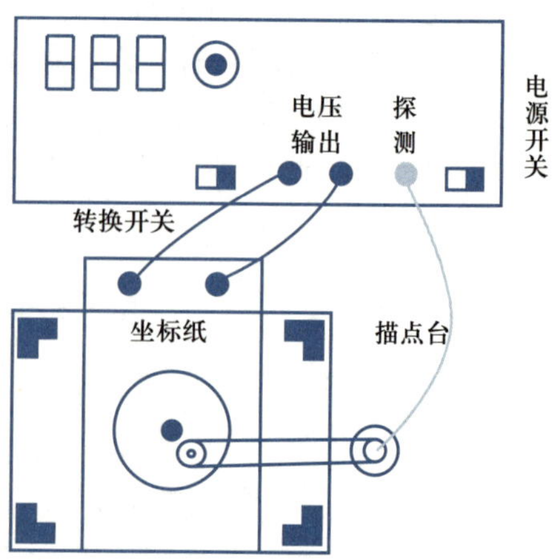

图 17－4　静电场描绘测试连接电路图

(6) 实验里有水槽电极 4 个(不包括同轴圆柱面水槽

电极)，可根据需要与要求进行选择.

2. 无限长带电同轴圆柱面静电场的模拟描绘

(1) 将水加入同轴圆柱面水槽电极中，根据“1. 静电场等势线描绘”的步骤描绘出等势线，至少 3 条以上.

(2) 目测一个圆心位置，求出各圆(等势线)的半径平均值 $\bar{r}$.

(3) 以 $x\,(=U_r/U_0)$ 为横坐标，$y\,(=\ln\bar{r})$ 为纵坐标作图，如果得到一条直线，则可验证无限长带电同轴圆柱面中 $E=c/r$ 的关系式.

(4) 根据直线的截距和斜率分别算出图 17-3 中的半径 a 和 b，将结果与公认值进行比较.

五、思考题

1. 在实验过程中，什么原因会导致探针移动时电压表示数不发生变化或者变化没有规律？
2. 描绘电场线时应注意什么问题？
3. 将电极间电压的正负电极交换一下，绘出的等势线有什么变化？
4. 导电纸不均匀会给实验带来什么影响？
5. 若描绘出的等势线不对称或不平滑，可能是什么原因造成的？

实验十八　太阳能电池的伏安性能测试

近年来中国对太空探索频繁，已拥有了一系列长征火箭，可载人、运货、发射卫星等.每次火箭从点火到进入预定轨道，然后太阳能帆板打开，标志着航天器的发射成功.无论是人造地球卫星或是空间站，所有航天器供电系统所需能量主要来自太阳光，而太阳能帆板可将太阳光转化为电能.该帆板由光电半导体薄片组成，又称为太阳能电池或光电池，可将其封装成太阳能电池组件，再按需要将一块以上的组件组合成一定功率的太阳能电池方阵，最后与储能装置、测量控制装置以及直流-交流变换装置等配套，构成太阳能电池发电系统，也称为光伏发电系统.它具有不消耗常规能源、无转动部件、寿命长、维护简单、使用方便、可任意组合功率、无噪音、无污染等优点.

一、实验目的

1. 了解太阳能电池的工作原理.
2. 掌握太阳能电池相关性能测试的原理.

二、实验仪器

太阳能电池、辐射光源(300 W)，数字万用表、接线板、负载电阻，卷尺.

实验原理

三、实验原理

1. 太阳能电池的结构

太阳能电池多以晶体硅制备而成，其结构如图 18－1、图 18－2 所示，采用半导体制备工艺，在硅半导体材料上制备大面积的 pn 结.制备晶体硅太阳能电池主要采用的是 n/p 同质结的结构，所以采用原料一般为 p 型硅片，其每一个单元的面积为 10 cm×10 cm(厚度约 500 μm)，在这个面上采用高温扩散法制备一层重掺杂的 n 型层(厚度约 0.3 mm)，并分别在 p 型面和 n 型面上制作金属接触电极.其中 n 型接触面实现金属栅线，作为正极，并在最上层镀一层减反射膜用来减少太阳光的反射；p 型层整个背面镀上金属层，可实现欧姆接触.

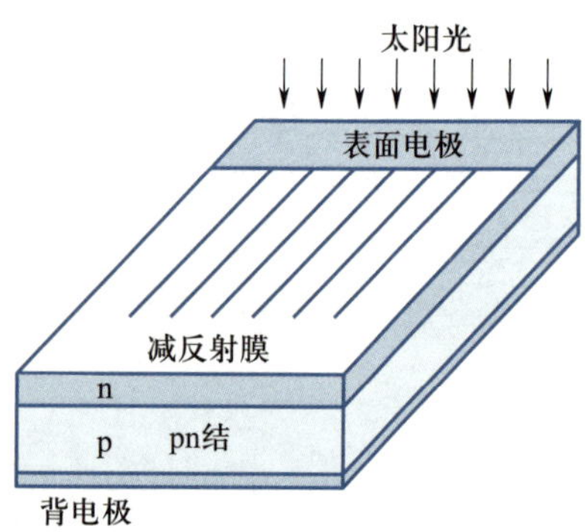

图 18－1　晶体硅太阳能电池的结构示意图

2. 太阳能电池的原理

n 型半导体，又称电子型半导体，该类型半导体的主要载流子为电子，其浓度远远大于空穴浓度.其主要由第五主族元素掺杂到半导体材料中制备而成.

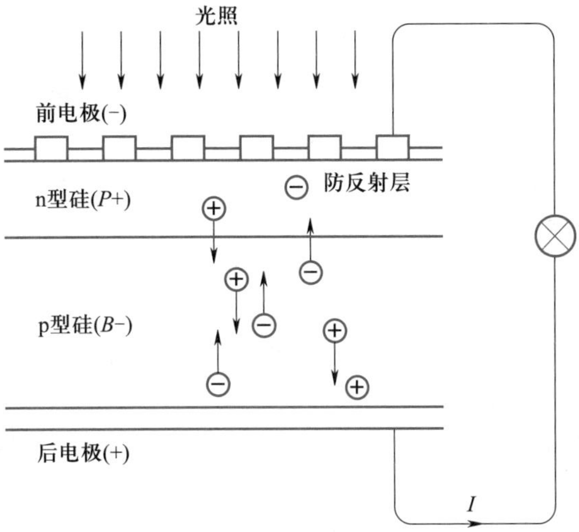

图 18－2　晶体硅太阳电池的剖面示意图

p 型半导体，又称空穴型半导体，该类型半导体的主要载流子为空穴，其浓度远远大于电子浓度．其主要由第三主族元素掺杂到半导体材料中制备而成．

pn 结，又称电荷耗尽层，将 p 型半导体与 n 型半导体制备在同一块半导体材料上，在它们的交界面处形成 pn 结．形成机理：由于 p 型半导体与 n 型半导体的特性，电子与空穴的浓度在各处不一样，因为浓度不同，则会产生扩散（n 型半导体中的电子向 p 型半导体扩散，而 p 型半导体中的空穴向 n 型半导体扩散）；而由于扩散以后在 n 型半导体中留下正电荷，p 型半导体中留下负电荷，那么在中间处形成一个由 n 区指向 p 区的内建电场，该内建电场也称为 pn 结．

光伏效应，又称光生伏特效应，是指光照在半导体上使半导体不同位置产生电势差的现象．其工作原理为：当太阳光照在太阳能电池的表面时，电池内部的 pn 结里面入射光子的能量大于半导体材料硅的禁带宽度 E_g，此时 pn 结将会产生光生载流子（电子-空穴对）．那些在 pn 结附近 n 区中产生的少数载流子由于存在浓度梯度而要扩散．只要少数载流子离 pn 结的距离小于它的扩散长度，总有一定概率扩散到结界面处．由于内建电场的作用，这些扩散到结界面处的少数载流子（空穴）在内建电场的作用下被拉向 p 区．同样，如果在结附近 p 区中产生的少数载流子（电子）扩散到结界面处，也会被内建电场迅速拉向 n 区．如果外电路处于开路状态，那么 pn 结就产生一个光生电动势．这个过程产生的现象称为光伏效应．

3．太阳能电池的表征参量

太阳能电池可用 pn 结二极管 D、恒流源 I_{ph}、太阳能电池的电极等引起的串联电阻 R_s 和相当于 pn 结泄漏电流的并联电阻 R_{sh} 组成的电路来表示，如图 18－3 所示，该电路为太阳能电池的等效电路．

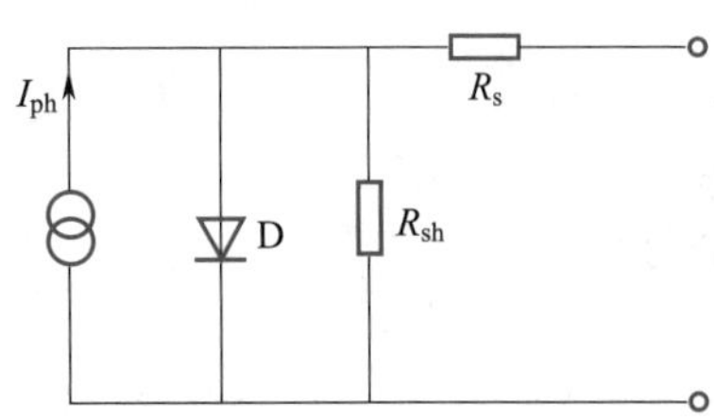

图 18－3　太阳能电池的等效电路

太阳能电池的工作原理是基于光伏效应，若光照射到太阳能电池上，则会产生一个 n 区到 p 区的光生电流 I_{ph}；同时，由于 pn 结二极管的特性，存在一个正向二极管电流 I_{ph}，此电流方向为从 p 区到 n 区，与光生电流相反．实际获得的电流 I 为

$$I=I_{ph}-I_D=I_{ph}-I_0\left[\exp\left(\frac{qV_D}{nk_BT}\right)-1\right] \tag{18-1}$$

式中，V_D 为结电压，I_0 为二极管的反向饱和电流，I_{ph} 为与入射光的强度成正比的光生电流，其比例系数由太阳能电池的结构和材料特性决定. n 称为理想系数(n 值)，是表示 pn 结特性的参量，通常在 1～2 之间. q 为电子电量，k_B 为玻耳兹曼常量，T 为温度.

(1) 太阳能电池的短路电流

当太阳能电池的输出端短路时，$V=0(V_D\approx 0)$，由式(18－1)可得短路电流：

$$I_{sc}=I_{ph} \tag{18-2}$$

即太阳能电池的短路电流等于光生电流，与入射光的强度成正比.

(2) 太阳能电池的开路电压

当太阳电池的输出端开路时，$I=0$，由式(18－1)、式(18－2)可得开路电压：

$$V_{oc}=\frac{nk_BT}{q}\ln\left(\frac{I_{sc}}{I_0}+1\right) \tag{18-3}$$

(3) 太阳能电池的 $I-V$ 曲线

当太阳能电池接上负载 R 时，所得的负载伏安特性曲线如图 18－4 所示. 负载 R_m 可以从零到无穷.

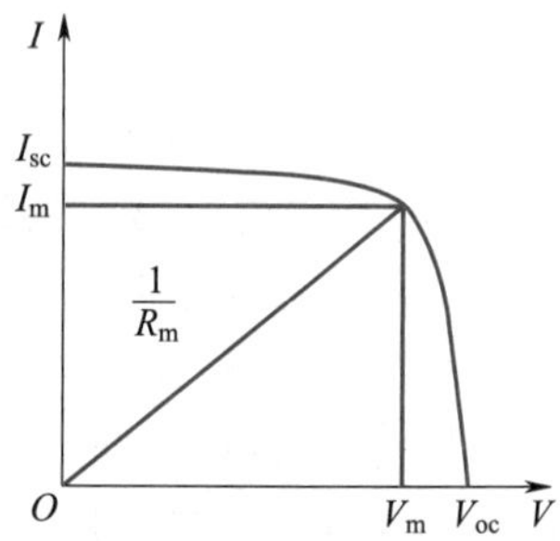

图 18－4　太阳能电池的 $I-V$ 曲线

(4) 太阳能电池的功率

当负载 R_m 使太阳能电池的输出功率最大时，它对应的最大功率 P_m 为

$$P_m=I_m\cdot V_m \tag{18-4}$$

式中 I_m 和 V_m 分别为最佳工作电流和最佳工作电压.

(5) 太阳电池的填充功率

将 V_{oc} 与 I_{sc} 的乘积与最大功率 P_m 之比定义为填充因子 FF，则：

$$FF=\frac{P_m}{V_{oc}I_{sc}}=\frac{V_mI_m}{V_{oc}I_{sc}} \tag{18-5}$$

FF 为太阳能电池的重要表征参量，FF 越大则输出功率越高. FF 取决于入射光强、材料的禁带宽度、理想系数、串联电阻和并联电阻等.

(6) 太阳能电池的转换效率

太阳电池的转换效率 η 定义为太阳电池的最大输出功率与照射到太阳能电池的总辐射能 P_{in}(本实验为钠灯的功率)之比，即

$$\eta=\frac{P_m}{P_{in}}\times 100\% \tag{18-6}$$

实验步骤

四、实验内容

1. 将太阳能电池板、数字万用表、负载电阻(可变电阻)根据电路原理图 18－5 连接，此时改变负载电阻 R 的值，测量流经电阻 R 的电流 I 和电阻两端的电压 V，改变电阻阻值，测量多组数据，即可得到伏安特性曲线.

注意：辐射光源的温度非常高，触碰容易烫伤；小心触电.

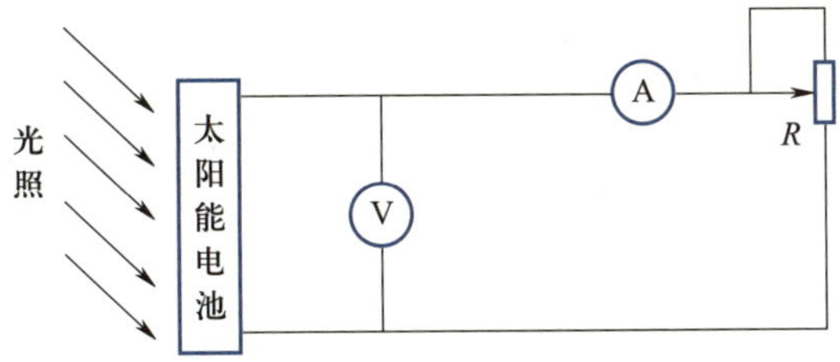

图 18-5　太阳能电池板测试电路原理图

2. 分别测量以下几种情况的太阳能电池的伏安特性曲线，并用坐标纸画出伏安特性曲线.

(1) 辐射光源与单个太阳能电池的距离为 60 cm；测量伏安特性曲线，并在坐标纸上作出伏安特性曲线；测量太阳能电池的输出功率 P 随电阻 R 的变化关系曲线；根据上述条件，填写电学参量进行相关计算并填入表 18-1 中.

(2) 辐射光源与单个太阳能电池的距离为 80 cm；测量伏安特性曲线，并在坐标纸上作出伏安特性曲线；测量太阳能电池的输出功率 P 随电阻 R 的变化关系曲线；根据上述条件，填写电学参量进行相关计算并填入表 18-1 中.

(3) 两个太阳能电池串联，辐射光源与太阳能电池的距离为 80 cm；测量伏安特性曲线，并在坐标纸上画出伏安特性曲线；测量太阳能电池的输出功率 P 随电阻 R 的变化关系曲线；根据上述条件，填写电学参量进行相关计算并填入表 18-1 中.

(4) 两个太阳能电池并联，辐射光源与太阳能电池的距离为 80 cm；测量伏安特性曲线，并在坐标纸上画出伏安特性曲线；测量太阳能电池的输出功率 P 随电阻 R 的变化关系曲线；根据上述条件，填写电学参量进行相关计算并填入表 18-1 中.

表 18-1　太阳能电池板的参量

距离	短路电流 I_{sc}	开路电压 V_{oc}	最大功率 P_m	最佳工作电流 I_m	工作电压 V_m	负载电阻 R_m	填充因子 FF
60 cm							
80 cm							
80 cm(串)							
80 cm(并)							

五、思考题

1. 太阳能电池受到光照后，产生的电流方向是怎么样的？
2. 太阳能电池的优缺点都有哪些？
3. 简单介绍使用太阳能电池的实际案例，并简单说明整个工作过程.

实验十九　铁磁质动态磁滞回线的测试

中国古代有四大发明——造纸术、火药、印刷术和指南针，其中指南针是辨别方位的一种简单仪器，主要由一根可自由转动的磁针构成. 该装置受地球磁场影响始终指向南方. 指南针的核心就是磁针，是由带有磁性的材料制成的.

材料制造是当今世界重要的支柱产业之一，而功能材料备受关注. 磁性材料是功能材料的重要组成部分，这种材料能对磁场作出响应，在日常生活中应用广泛，如磁铁、变压器磁芯、计算机存储设备、电机等，在信息技术领域，磁性材料已逐渐成了突破该领域技术瓶颈不可缺少的部分.

为了能够更好地理解磁性材料的相关性能，磁滞回线的测量必不可少. 不同的铁磁质有不同形状的磁滞回线，不同形状磁滞回线的材料有不同的应用. 例如永磁材料要求矫顽力大，剩磁大；软磁材料要求矫顽力小；记忆元件中的铁芯则要求矫顽力相对低. 因此，对磁滞回线基本概念及测试手段的了解对其应用领域的拓展至关重要.

一、实验目的

1. 了解并掌握磁性材料相关的知识概念.
2. 学会使用示波器测绘磁化曲线以及动态磁滞回线.
3. 了解磁性材料的特性.

二、实验仪器

动态磁滞回线测量仪(FB－310)、数字示波器.

实验原理

三、实验原理

1. 相关概念

(1) 软磁材料：指磁化发生在矫顽力(H_c)不大于 1000 A/m 的材料，优点是低矫顽力和高磁导率，如图 19－1 所示.

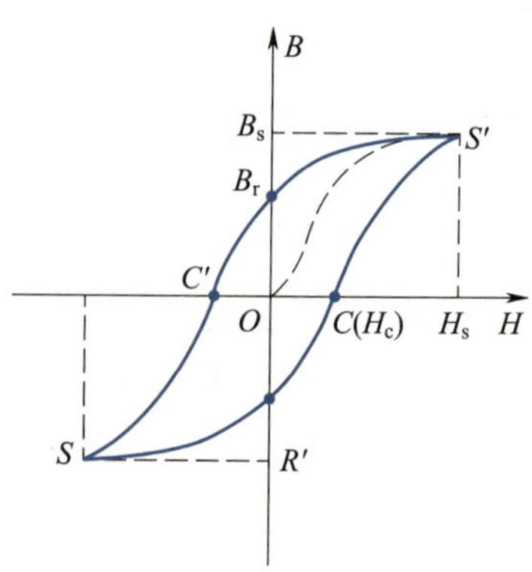

图 19－1　各参量在曲线图中的标记

(2) 硬磁材料：又称“永磁材料”，指一经磁化后可以保持恒定磁性的材料.

(3) 磁感应强度(B)：亦称磁通量密度或磁通密度，是描述磁场强弱和方向的物理量，常用符号 B 表示，国际通用单位为 T(特斯拉).

(4) 剩磁 B_r:剩余磁化强度的简称,指磁体经磁化至饱和后,撤去外磁场,在原外磁场方向上仍能保持一定的磁化强度.

(5) 矫顽力 H_c:指磁性材料经外磁场饱和磁化后,外磁场退回到零时其磁感应强度 B 并不为零,只能通过在与原外磁场相反的方向加一定大小的磁场实现归零,该磁场称为矫顽磁场,又称矫顽力.

2. 磁化曲线

磁化曲线表示物质的磁场强度 H 与感应的磁感应强度 B 或磁化强度 M 之间的关系.如果在通电线圈产生的磁场中放入铁磁物质,则磁场将明显增强,此时铁磁物质中的磁感应强度比单纯由电流产生的磁感应强度增大百倍,甚至千倍以上.铁磁物质内部的磁场强度 H 与磁感应强度 B 有如下的关系:

$$B=\mu H$$

对于铁磁物质而言,磁导率 μ 是随 H 变化的物理量,即 $\mu=f(H)$ 为非线性函数.图 19-2 的实线给出由一系列大小不同的稳定的磁滞回线顶点连成的曲线,由图可知 B 与 H 呈非线性关系.铁磁材料的磁化过程为:首先将未被磁化的处于去磁状态的材料放入逐渐增强的磁化场中,材料内部的磁场强度 H 与磁感应强度 B 将随之变大,$B-H$ 变化曲线如图 19-2 所示,当 H 增加到一定值(H_s)后,B 不再随 H 的增加而增加,这时磁化达到饱和.

3. 磁滞回线

磁滞回线是表示在交变外磁场作用下铁磁性物质磁化过程的一条曲线.若外磁场强度用 H 表示,铁磁体被磁化的磁感应强度用 B 表示,则典型的曲线如图 19-3 所示.

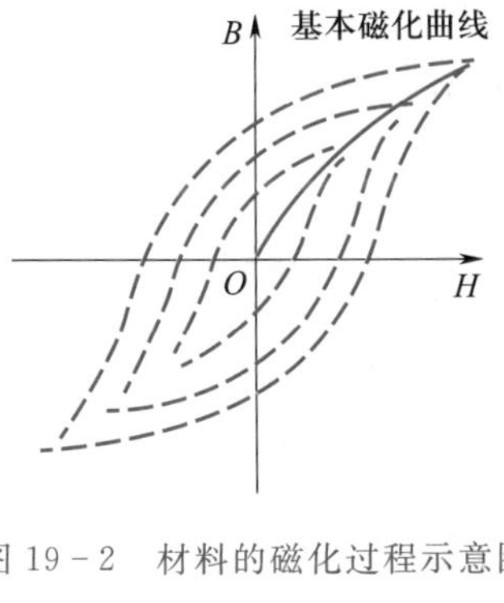

图 19-2　材料的磁化过程示意图

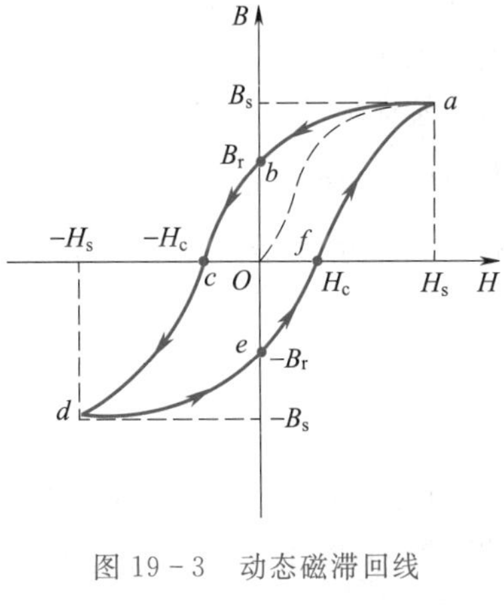

图 19-3　动态磁滞回线

若要使被磁化的铁磁材料的磁感应强度 B 减小到 0,则必须加一个反向磁场并逐步增大.当铁磁材料内部反向磁场强度增加到 $H=-H_c$ 时(图 19-3 的 c 点),磁感应强度 B 才等于 0,达到退磁.图 19-3 中的 bc 段曲线称作退磁曲线,H_c 为矫顽力.如图 19-3 所示,当 H 按 $0\to H_s\to 0\to -H_c\to -H_s\to 0\to H_c\to H_s$ 的顺序变化时,B 相应沿 $0\to B_s\to B_r\to 0\to -B_s\to -B_r\to 0\to B_s$ 顺序变化.图中的 Oa 段曲线称作起始磁化曲线,所形成的封闭曲线 $abcdefa$ 称为磁滞回线.

实验表明,经过多次反复磁化后,$B-H$ 的关系会形成一个稳定的闭合的"磁滞回线",通常用这条曲线表示材料的磁化性质.而这种反复磁化的过程称为"磁锻炼".由于本实验使用的是交变电流，所以每个状态都经过了充分的“磁锻炼”，随时可以获得磁滞回线.

4. 示波器显示 $B-H$ 曲线的电路原理图

示波器测量 $B-H$ 曲线的实验线路如图 19－4 所示. 本实验研究的铁磁物质是日字形铁芯试样（如图 19－5 所示）. 在试样上绕有 N_1 匝的励磁线圈和 N_2 匝的测量线圈. 若在励磁线圈中通过电流 I_1，则在试样内产生磁场，根据安培环路定理 $HL=N_1I_1$，磁场强度的大小为

$$H=N_1I_1/L \tag{19-1}$$

其中，L 为日字形铁芯试样的平均磁路长度，在图 19－5 中用虚线表示.

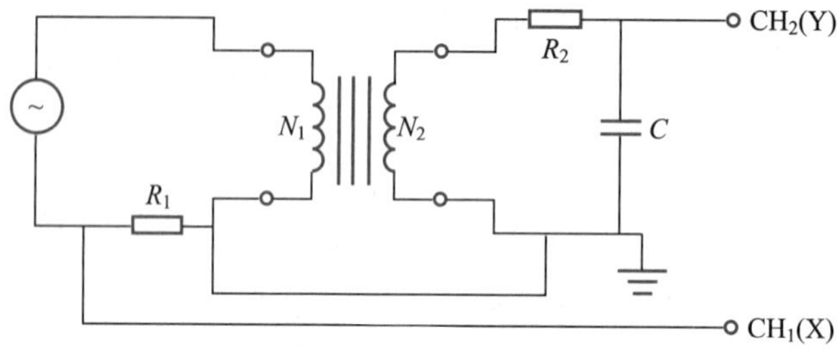

图 19－4　波器测量 $B-H$ 曲线的实验原理图

由图 19－5 可知示波器 CH_1（X 轴）偏转板输入电压为

$$U_X=I_1R_1 \tag{19-2}$$

由式（19－1）和式（19－2）可得

$$U_X=LR_1H/N_1 \tag{19-3}$$

上式表明在交变磁场下，任一时刻电子束在 X 轴的偏转正比于磁场强度 H.

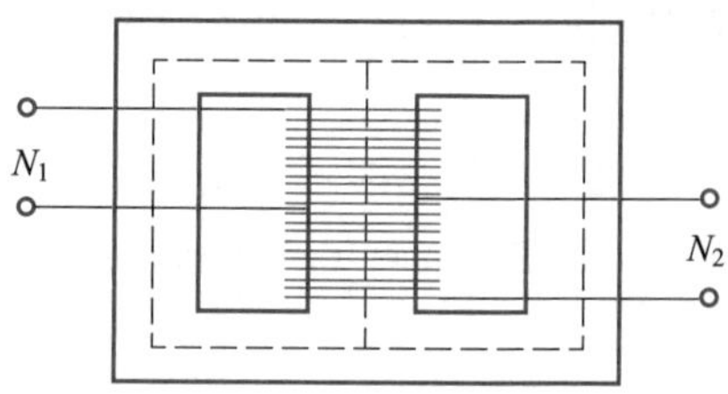

图 19－5　铁芯试样外形

为了测量磁感应强度 B，在次级线圈 N_2 上串联一个电阻 R_2 与电容 C 构成回路，同时 R_2 与 C 又构成一个积分电路. 取电容 C 两端电压 U_C 至示波器 CH_2（Y 轴）输入，适当选择 R_2 和 C，使 $R_2\gg\frac{1}{\omega C}$，则：

$$I_2=\frac{E_2}{\left[R_2^2+\left(\frac{1}{\omega C}\right)^2\right]^{\frac{1}{2}}}\approx\frac{E_2}{R_2} \tag{19-4}$$

式中，ω 为电源的角频率，E_2 为次级线圈的感应电动势.

因交变的磁场 H，样品中产生交变的磁感应强度 B，则

$$E_2=N_2\frac{\mathrm{d}\Phi}{\mathrm{d}t}=N_2S\frac{\mathrm{d}B}{\mathrm{d}t} \tag{19-5}$$

式中 $S=ab$ 为铁芯试样的截面积，其中铁芯的宽度为 a、厚度为 b，并且可得

$$U_Y=U_C=\frac{Q}{C}=\frac{1}{C}\int I_2\mathrm{d}t=\frac{1}{CR_2}\int E_2\mathrm{d}t=\frac{N_2S}{CR_2}B \tag{19-6}$$

上式表明接在示波器 Y 轴输入的 U_Y 正比于 B，而 RLC 电路，在电子技术中称为积分电路，表示输出的电压 U_C 是感应电动势 E_2 对时间的积分. 为了如实地绘出磁滞回线，要求：① $R_2\gg 1/(2\pi fC)$；② 将 U_C 经示波器 Y 轴放大器增幅后输出至 Y 轴偏转板上. 因为 U_C 振幅一般很小，

无法直接绘出需要的磁滞回线. 一般要求在实验磁场的频率范围内，放大器的放大系数必须稳定，不会有较大的相位畸变. 事实上示波器难以完全达到这个要求，因此在实验中经常会出现如图 19－6 所示的畸变. 观测时将 X 轴输入选择“AC”挡，Y 轴输入选择“DC”挡，并选择合适阻值的 R_1 和 R_2 得到最佳磁滞回线图形，可避免出现这种畸变. 这样，在磁化电流变化的一个周期内，电子束的径迹描出一条完整的磁滞回线. 适当调节示波器 X 轴和 Y 轴增益，再由小到大调节信号发生器的输出电压，即能在屏上观察到由小到大扩展的磁滞回线图形. 逐次记录其正顶点的坐标，并在坐标纸上把它们连成光滑的曲线，就得到样品的基本磁化曲线.

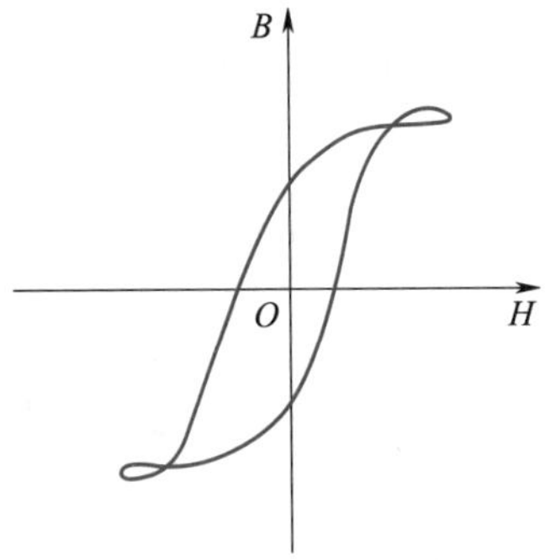

图 19－6　磁滞回线的畸变形态

5. 示波器的定标

从前面说明中可知，示波器上可以显示出待测材料的动态磁滞回线，但为了定量研究磁化曲线和磁滞回线，必须对示波器进行定标，即确定示波器 X 轴的每格代表多少 H 值(A/m)，Y 轴每格实际代表多少 B 值(T).

一般示波器都有已知的 X 轴和 Y 轴灵敏度，可根据示波器的使用方法，结合实验使用的仪器就可以分别对 X 轴和 Y 轴进行定标，从而测量出 H 值和 B 值的大小.

设 X 轴分度值为 S_X(V/div)，Y 轴的分度值为 S_Y(V/div)，S_X、S_Y 均可从示波器的面板上直接读出，则：

$$U_X = S_X \cdot X \qquad U_Y = S_Y \cdot Y \tag{19-7}$$

式中 X、Y 分别为测量时记录的坐标值(单位：格，即一大格).

由于本实验使用的 R_1、R_2 和 C 都是阻抗值已知的标准元件，误差很小，其中 R_1、R_2 为无感交流电阻，C 的介质损耗非常小. 所以综合上述分析，本实验定量计算公式为

$$H = \frac{N_1 \cdot S_X}{L \cdot R_1} X \tag{19-8}$$

$$B = \frac{R_2 \cdot C \cdot S_Y}{N_2 \cdot S} Y \tag{19-9}$$

式中各量的单位：R_1、R_2 的单位是 Ω；L 的单位是 m；S 的单位是 m^2；C 的单位是 F；S_X、S_Y 的单位是 V/div；X、Y 的单位是 div；H 的单位是 A/m；B 的单位是 T.

四、实验内容

实验步骤

1. 仪器连接与设置

(1) 实验仪器电路按图 19－7 连接.

(2) 将频率旋钮调节至输出频率为 50 Hz 左右，幅度旋钮调节至中间位置(逆时针左旋到底，数 7 圈右旋到底，往回旋转 3.5 圈即可)；

(3) 调整数字示波器：

① 打开数字双通道，即显示面板上 1 键、2 键灯亮；

② 调节通道 1(X 输入)为 AC 模式，测量采样电阻 R_1 的电压；

③ 调节通道 2(Y 输入)为 DC 模式，测量积分电容的电压；

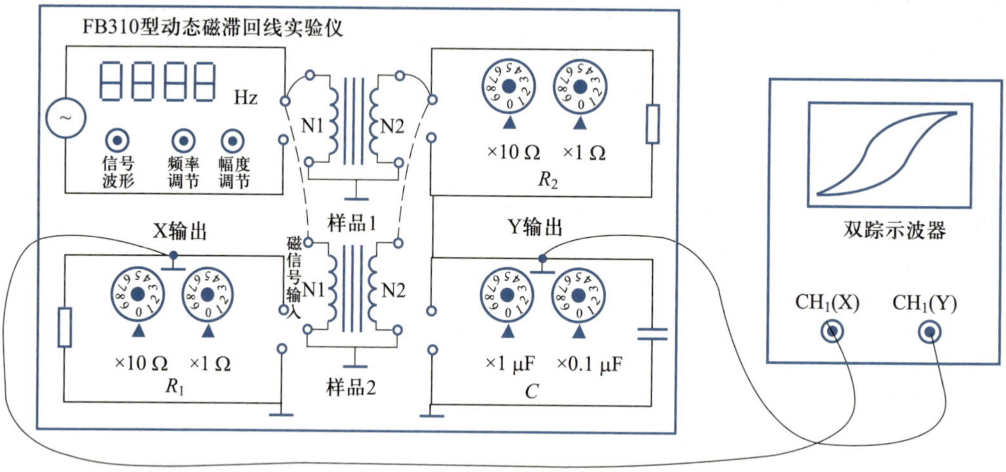

图 19－7　实验仪器电路连接示意图

④ 调节数字示波器的工作模式为 X－Y 模式. 调节方法：按下 AUTO 键，先按下面板上 display 键，然后将显示面板上的矢量模式 Y－T 改成 X－Y 即可；

⑤ 将图形调整到屏幕中间位置后按下 set to zero 键(若仪器没有该键，则将通道 1 和 2 的 set to zero 键同时按下).

(4) 调节电阻 R_1、R_2、C 以及通道 1、2 的分度值使磁滞回线处在满屏位置且形状美观；

(5) 测量样品 2 时，将连接样品 1 的线连接到 2，其他设置同步骤(2)(3).

2. 磁化曲线的测量(即测量大小不同的各个磁滞回线的顶点连线)

根据上述步骤，将磁滞回线的满屏图形调整到如图 19－3 所示的典型美观形状(X 轴需满格，Y 轴可不满格)；

顺时针缓慢调节幅度旋钮，按表 19－1 或表 19－2 单调增加磁化电流，其在 X 轴方向的格数分别为 0、0.20、0.40、0.60、0.80、1.00、1.50、2.00、2.50、3.00、4.00、5.00，在表格中记录磁滞回线顶点在 Y 方向上的读数.

磁化电流在 X 方向上读数为(－5.00，5.00)格时，示波器显示典型美观的磁滞回线图形. 随后，保持示波器上的 X、Y 输入增益波段开关和 R_1、R_2 值固定不变，并锁定增益微调电位器(一般为顺时针调到底)，以便进行 H、B 的标定.

表 19－1　样品 1(软磁材料)

序号	1	2	3	4	5	6	7	8	9	10	11	12
X/div	0.00	0.20	0.40	0.60	0.80	1.00	1.50	2.00	2.50	3.00	4.00	5.00
Y/div												

测试条件：

f=________ Hz，$CH_1(X)$=________ V/div，$CH_2(Y)$=________ V/div，

R_1=________ Ω，R_2=________ kΩ，C=________ μF，

U_m=________ V，I_m=________ mA.

表 19－2　样品 2(硬磁材料)

序号	1	2	3	4	5	6	7	8	9	10	11	12
X/div	0.00	0.20	0.40	0.60	0.80	1.00	1.50	2.00	2.50	3.00	4.00	5.00
Y/div												

测试条件：

f=________ Hz，$CH_1(X)$=________ V/div，$CH_2(Y)$=________ V/div，

R_1=________ Ω，R_2=________ kΩ，C=________ μF，

U_m=________ V，I_m=________ mA.

3. 动态磁滞回线的测量

磁化电流 X 方向上的读数在(−5.00，+5.00)格范围时，即示波器显示的磁滞回线在 X 坐标为 5.0、4.0、3.0、2.0、1.0、0、−1.0、−2.0、−3.0、−4.0、−5.0 格时，将对应的 Y 坐标记入表格 19－3 和表 19－4. 然后将 Y 坐标为 4.0、3.0、2.0、1.0、0、−1.0、−2.0、−3.0、−4.0 格时相对应的 X 坐标也记入表 19－3 和表 19－4.

表 19－3　样品 1(软磁材料)

X/div	Y/div		Y/div	X/div	
5.00			5.00		
4.00			4.00		
3.00			3.00		
2.00			2.00		
1.00			1.00		
0.00			0.00		
−1.00			−1.00		
−2.00			−2.00		
−3.00			−3.00		
−4.00			−4.00		
−5.00			−5.00		

表 19－4　样品 2(硬磁材料)

X/div	Y/div		Y/div	X/div	
5.00			5.00		
4.00			4.00		
3.00			3.00		
2.00			2.00		

续表

X/div	Y/div		Y/div	X/div	
1.00			1.00		
0.00			0.00		
−1.00			−1.00		
−2.00			−2.00		
−3.00			−3.00		
−4.00			−4.00		
−5.00			−5.00		

显然 Y 最大值对应饱和磁感应强度 B_s.

$X=0$，Y 读数对应剩磁 B_r.

$Y=0$，X 读数对应矫顽力 H_c.

4. 作磁化曲线

由前所述 H、B 的计算公式为

$$H=\frac{N_1 \cdot S_X}{L \cdot R_1}X \quad (\text{A/m})$$

$$B=\frac{R_2 \cdot C \cdot S_Y}{N_2 \cdot S}Y \quad (\text{mT})$$

上式中，硅钢片铁芯实验样品和实验装置参量如下：

$L=0.084$ m，$S=2.21\times10^{-4}$ m^2，$N_1=100$(匝)，$N_2=300$(匝)，R_1、R_2 的值根据仪器面板上的选择值计算. 对于样品 1(软磁)：$C=1.3\times10^{-6}$F，其中，L 为铁芯实验样品平均磁路长度、S 为铁芯实验样品截面积、N_1 为励磁线圈匝数、N_2 为测量线圈匝数、R_1 为磁化电流采样电阻、R_2 为积分电阻、C 为积分电容. S_X 为示波器 X 轴分度值，单位是 V/div；S_Y 为示波器 Y 轴分度值，单位是 V/div；所以得到一组实测的磁化曲线数据，整理如表 19－5，其中 X 轴灵敏度为 0.1 V/div，Y 轴灵敏度为 20 mV/div. 分别整理表 19－1 和表 19－2 的实验数据，得到表 19－5 的实验数据.

($R_1=$________ Ω，　$R_2=$________ kΩ，　$C=$________ μF，

$S_X=$________ V/div，$S_Y=$________ V/div.)

表 19－5　磁化曲线记录表

序号	1	2	3	4	5	6	7	8	9	10	11	12
X/div	0	0.20	0.40	0.60	0.80	1.00	1.50	2.00	2.50	3.00	4.00	5.00
H/(A/m)	0											
Y/div	0											
B/mT	0											

按表中数据作 $B-H$ 磁化曲线. 整理表 19－3 和表 19－4 实验数据，得到表 19－6.

同样按表中数据作 $B-H$ 磁滞回线,并求出 B_r、B_s、H_c 的值.

(R_1=________ Ω, R_2=________ kΩ, C=________ μF,

S_x=________ V/div, S_y=________ V/div.)

表 19-6 动态磁滞回线记录表

X/div	H/(A/m)	Y/div	B/mT	X/div	H/(A/m)	Y/div	B/mT
5.00				−5.00			
4.00				−4.00			
3.00				−3.00			
2.00				−2.00			
1.00				−1.00			
0				0			
−1.00				1.00			
−2.00				2.00			
−3.00				3.00			
−4.00				4.00			
−5.00				5.00			

按表 19-6 数据,用计算机电子表格或手工作磁滞回线 $B-H$ 图.

【附录 1】FB310 型动态磁滞回线实验仪性能指标

1. 信号源输出:正弦波、频率 f=20~200 Hz 连续可调,4 位数显表指示.
2. 磁化电流采样电阻 R_1:二位电阻盘:(0~10)×(1+0.1)Ω,调节步长:1 Ω.
3. 积分电阻 R_2:二位电阻盘:(0~10)×(1+0.1)kΩ,调节步长:1 kΩ.
4. 积分电容 C:二位电容盘:(0~10)×(1+0.1)μF,调节步长:0.1 μF.
5. 样品 1:N_1=100 匝,N_2=300 匝,铁芯截面 $S=2.21\times10^{-4}\ m^2$,平均磁路长度 L=0.084 m.
样品 2:除铁芯材料不同外,其余参量同上.
6. 工作电源:交流市电 220 V±10%.
7. 专用连接线:15 cm 两根.
8. 示波器用连接线:2 根.

五、思考题

1. 实验中,如果示波器上显示的是饱和磁滞回线,在调节电压灵敏度时,磁滞回线形状是否改变?
2. 调节 X、Y 电压灵敏度时,饱和磁感应强度、饱和磁场强度、矫顽力是否改变?
3. 为什么测量基本磁化曲线时需要退磁?
4. 实验中主要误差来源有哪些?可以通过哪些方式进行改进?
5. 铁磁物质磁滞回线的形成原理是什么?

实验二十　电子元件伏安特性曲线的测量

伏安特性曲线用来描述电子元件电流与电压的关系，可通过曲线巧妙确定电子元件在电路中的工作点，并可进一步确定在实际工作中的电压、电流. 故运用伏安特性曲线分析讨论某些物理问题不仅简单易行，而且可以深刻理解物理规律和物理概念.

一、实验目的

1. 学习用伏安特性曲线测量电阻元件的方法.
2. 掌握线性元件、非线性元件伏安特性曲线的逐点测试方法.
3. 掌握直流电源、直流电压表、直流电流表等仪器的使用.

二、实验仪器

直流电压源、电阻箱、数字万用表、滑动变阻器、二极管、电流表、电压表、小灯泡、开关.

实验原理

三、实验原理(以电阻的测量为例)

图 20－1 所示为内接法测量电阻伏安特性的电路原理图，根据欧姆定律 $R=U/I$，可以从电压表 V、电流表 A 读出相关数据，并作相关的 $U-I$ 曲线图，所得曲线的斜率就是电阻的阻值. 在测量过程中会产生误差，现在根据以下几种情况分别讨论系统产生的误差.

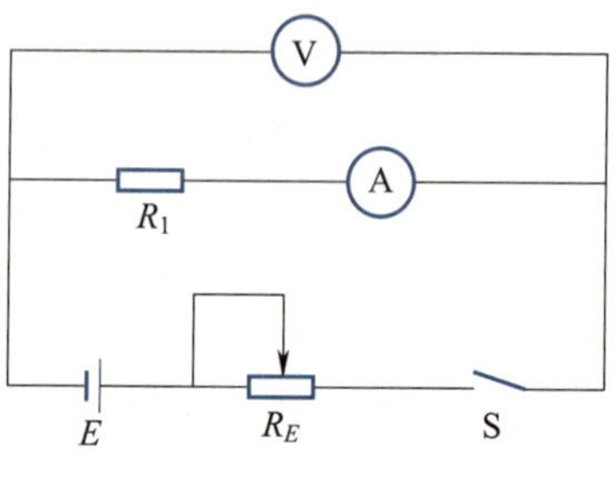

图 20－1　内接法测量电阻伏安特性的电路原理图

1. 测量仪表(电压表、电流表)的选择

在电学实验过程中，电压表与电流表都被当成理想仪表，但在实际测量过程中，这些仪表均存在一定误差，所以选取合适的仪表非常重要.

(1) 参照电阻器 R 的额定功率确定仪表的量限.

设电阻 R 的额定功率为 P，则最大电流 I 为

$$I=\sqrt{\frac{P}{R}} \qquad (20-1)$$

为使电流计的指针指向度盘的 2/3 处(最佳选择)，电流表的量限为 $2I/3$，即 $\frac{2}{3}\sqrt{P/R}$.

设 $R\approx 100\ \Omega$，$P=\frac{1}{8}$ W，则 $I=0.035$ A，而 $3I/2=0.053$ A，所以选取量限为 50 mA 的电流表较好.

电阻两端电压为 $U=IR=3.5\ \text{V}$，而 $3U/2=5.3\ \text{V}$，所以选取量限为 5 V 的电压表较好.

(2) 参照电阻测量准确度的要求确定仪表的等级.

假设要求测量 R 的相对误差不大于 E_R，则按误差传递公式，有

$$E_R=\left[\left(\frac{\Delta U}{U}\right)^2+\left(\frac{\Delta I}{I}\right)^2\right]^{1/2} \tag{20-2}$$

按误差等分配原则取

$$\frac{\Delta U}{U}=\frac{\Delta I}{I}=\frac{E_R}{\sqrt{2}} \tag{20-3}$$

对于准确度等级为 a，量限为 $X_{\max}$ 的电表，其最大绝对误差为 $\Delta_{\max}$，则

$$\Delta_{\max}=X_{\max}\times\frac{a}{100} \tag{20-4}$$

参照此关系和式(20-3)，可知电流表等级 a_I 应满足：

$$a_I=\frac{E_R}{\sqrt{2}}\times\frac{I}{I_{\max}} \tag{20-5}$$

电压表的等级 a_U 应满足：

$$a_U=\frac{E_R}{\sqrt{2}}\times\frac{U}{U_{\max}} \tag{20-6}$$

对前述实例 $I=0.035\ \text{A}$，$I_{\max}=0.05\ \text{A}$，$U=3.5\ \text{A}$，$U_{\max}=5\ \text{V}$，当要求 $E_R\leqslant 2\%$时，必须有 $a_I\leqslant 0.99$，$a_U\leqslant 0.99$，即取 0.5 级的电流表、电压表较好，取 1.0 级的仪表也勉强可以.

2. 测量电路的不同连接方法引入的误差

(1) 内接法引入的误差

使用内接法时，电压表的测量结果包括电阻的电压和电流表的电压，电流表的电压为相应的系统误差，电路如图 20-1 所示. 设电流表的内阻为 R_A，回路电流为 I，则电压表测出的电压值

$$U=IR+IR_A=I(R+R_A) \tag{20-7}$$

即电阻的测量值为

$$R_x=R+R_A \tag{20-8}$$

可见测量值大于实际值，测量的绝对误差为 R_A，相对误差为 R_A/R. 当 $R_A\ll R$ 时，可用内接法.

(2) 外接法引入的误差

使用外接法时，电压表只测量电阻的电压，而电流表的测量结果包含了电阻的电流和电压表的电流，电压表的电流为相应的系统误差，其原理如图 20-2 所示. 设通过电阻 R 的电流为 I_R，通过电压表的电流为 I_V，电压表内阻为 R_V，则电流表中电流为

$$I=I_R+I_V=U\left(\frac{1}{R}+\frac{1}{R_V}\right) \tag{20-9}$$

因此电阻的测量值为

$$R_x=\frac{U}{I}=R\,\frac{R_V}{R+R_V} \tag{20-10}$$

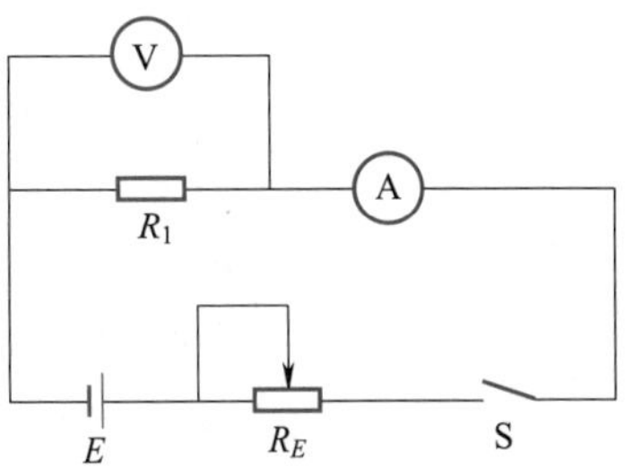

图 20-2　外接法测量伏安特性曲线的电路原理图

由于 $R_V<(R+R_V)$，所以测量值 R_x 小于实际值，测量的

相对误差为

$$\frac{R_x - R}{R} = -\frac{R}{R + R_V} \tag{20-11}$$

式中负号是由于绝对误差是负值，只有当 $R_V \gg R$ 时才可以用外接法.

实验步骤

四、实验内容

1. 电阻伏安特性的测量

(1) 使用外接法与内接法分别测量两个待测电阻，要求测量的相对不确定度小于 5%，使用数字万用表对这两个电阻进行测量，$R_1 =$ ________、$R_2 =$ ________；

(2) 选取 R_1 与 R_2 中合适的一个电阻以及合适的电表按图 20－1 所示的内接法连接，通过改变滑动变阻器的阻值，记录 I、U 的数据（记录 6～7 组数据），然后在实验报告册上画出伏安特性曲线，并计算阻值和不确定度；

(3) 选取 R_1 与 R_2 中合适的一个电阻以及合适的电表按图 20－2 所示的外接法连接，通过改变滑动变阻器的阻值，记录 I、U 的数据（记录 6～7 组数据），然后在实验报告册上画出伏安特性曲线，并计算阻值和不确定度.

2. 二极管伏安特性的测量

(1) 按图 20－3 连接电路测量二极管正向伏安特性曲线. 调节滑动变阻器，电压表示数为 0.5 V 时开始记录数据，每增加 0.2 V 测量一个电流值，直到电流值达到 10 mA 为止；

(2) 按图 20－4 连接电路测量二极管反向伏安特性曲线. 调节滑动变阻器，电压表示数为 0 V 时开始记录数据，每增加 1 V 测量一个电流值，直到电压值达到 8 V 为止；

(3) 在实验报告册的同一个坐标系中画出二极管的正向、反向伏安特性曲线.

(4)（选做）二极管伏安特性曲线公式为

$$I = I_0 \left(e^{\frac{eV}{kT}} - 1\right) \tag{20-12}$$

式中 I_0 可用测量的反向电流代替，V 为所加电压，T 为热力学温度，e 为电子电量的绝对值（1.6022×10^{-19} C），k 为玻耳兹曼常量. 使用上述实验的测量数据，用上式计算 k.

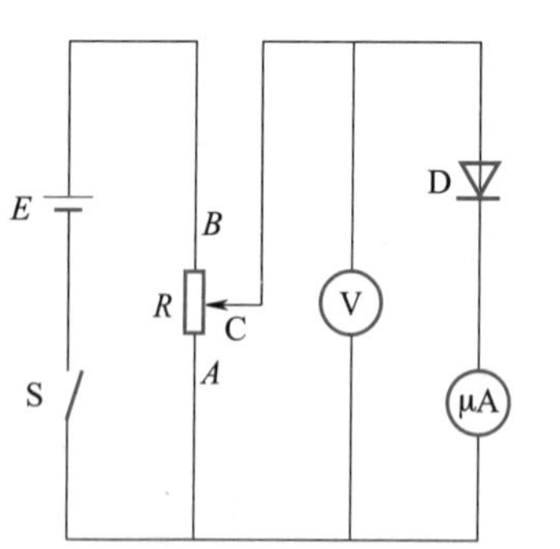

图 20－3　二极管正向伏安特性测量原理图

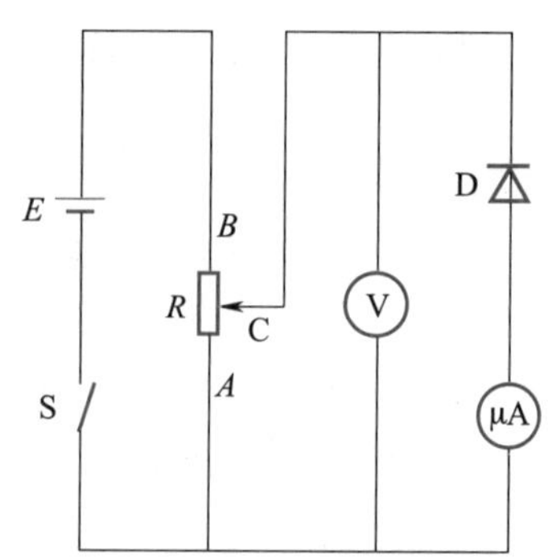

图 20－4　二极管反向伏安特性测量原理图

3. 小灯泡伏安特性的测量

按照原理图 20－5 进行电路连接，调节滑动变阻器使电压从 0.5 V 开始，每增加 0.5 V 测得一个电流值，直到小灯泡的额定电流值为止（观察小灯泡的额定电流，并记录额定的值）.

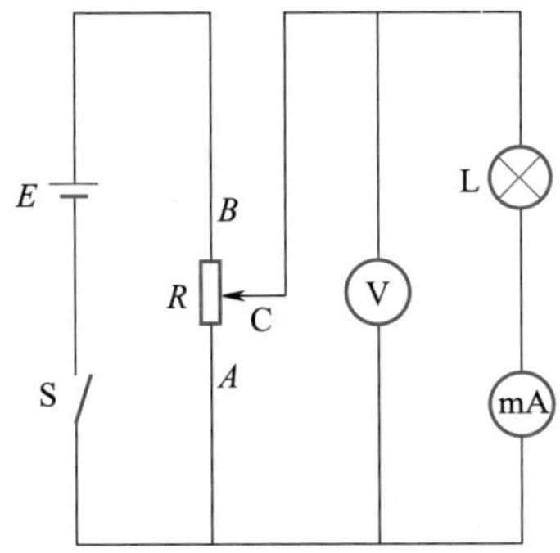

图 20－5　小灯泡伏安特性测量原理图

五、思考题

1. 在上述各个实验中，如何选取滑动变阻器的规格？
2. 测量二极管的正向电阻为什么采用制流电路和外接法？
3. 通过比较线性电阻和灯泡的伏安特性曲线，分析这两种元件的性质有什么异同.
4. 什么叫双向元件？本实验所用的元件中哪些是双向元件？哪些不是？

实验二十一　RC 电路的暂态过程分析

电阻-电容(Resistor-Capacitance，简称 RC)电路，主要由一个电阻器和一个电容器构成．按电阻电容的串、并联方式不同，可以分为 RC 串联电路和 RC 并联电路．但是单纯的 RC 并联电路中电阻不可以储能，所以不能谐振．RC 电路广泛应用于各种模拟电路与数字电路中，RC 并联电路串联在电路中可起到衰减低频信号，并联在电路中可起到衰减高频信号，即滤波的作用．线圈 L 也是电路中常见的元器件．

一、实验目的

1. 加深对电子元器件 L、R、C 在电路中作用的理解．
2. 研究 RC、LR、LRC 电路的暂态特性．
3. 进一步熟悉数字示波器，并学会使用数字示波器．

二、实验仪器

数字信号发生器、数字示波器、电阻箱、标准电容、标准电感．

实验原理

三、实验原理

LRC 电路的暂态过程是指电源接通或断开的“一瞬间”，电路中电流或电压出现的非稳定变化过程，此即电路的瞬态特性．该实验主要研究 RC 串联电路、RL 串联电路和 LRC 串联电路的瞬态特性．在这些最常用的电路中，瞬变时某些部分的电压或电流可能是稳定状态时最大值的好几倍，会出现过电压或过电流现象，所以电路中的暂态过程不可忽视．通过研究暂态过程中的过渡现象，一方面可以避免电子元件在使用中损伤甚至毁坏，另一方面还可主动控制和利用过渡现象，如提电流．

1. RC 暂态过程

RC 暂态过程的研究主要通过 RC 串联电路来实现，其电路原理如图 21－1 所示，根据基尔霍夫定律可知，当开关与 1 接通时：

$$R_i+q/C=E \tag{21-1}$$

该公式也可以写作

$$R\frac{\mathrm{d}q}{\mathrm{d}t}+q/C=E \tag{21-2}$$

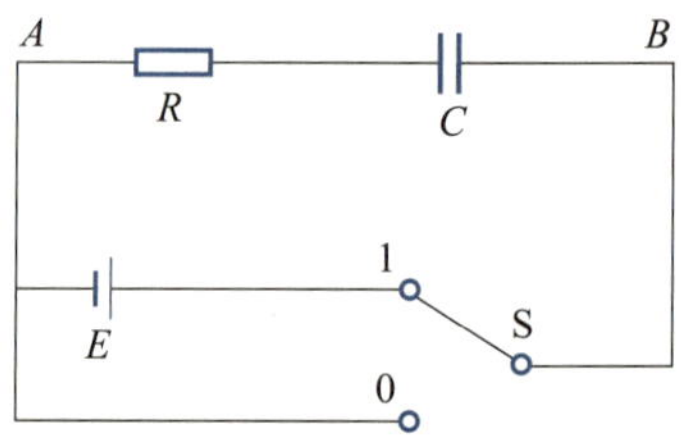

图 21－1　RC 串联电路原理图

上述方程的初始条件为 $q(0)=0$．当 S 与“1”接通时，可得

$$q=Q(1-\mathrm{e}^{-t/\tau}) \tag{21-3}$$

式中，τ 称为 RC 串联电路的时间常量，其值等于 RC 值，单位为 s；Q 为电容器 C 两端电压为 E

时所储藏电量大小，其值等于 EC 值，单位为 C；q 为 t 时刻电容器所储藏的电量. 由式(21－3)可以计算出电容和电阻两端的电压：

$$U_C=q/C=E(1-e^{-t/\tau}) \tag{21-4}$$

$$U_R=R\frac{dq}{dt}=Ee^{-t/\tau} \tag{21-5}$$

当 S 与“0”接通时，回路中无电源，可得

$$R\frac{dq}{dt}+\frac{1}{C}q=0 \tag{21-6}$$

根据充电后的初始条件 $q(0)=Q=EC$，可以得到

$$q=Qe^{-t/\tau} \tag{21-7}$$

$$U_C=Ee^{-t/\tau} \tag{21-8}$$

$$U_R=-Ee^{-t/\tau} \tag{21-9}$$

根据上述公式的计算，可以得到 U_{AB}、q、U_C 和 U_R 的波形如图 21－2 所示.

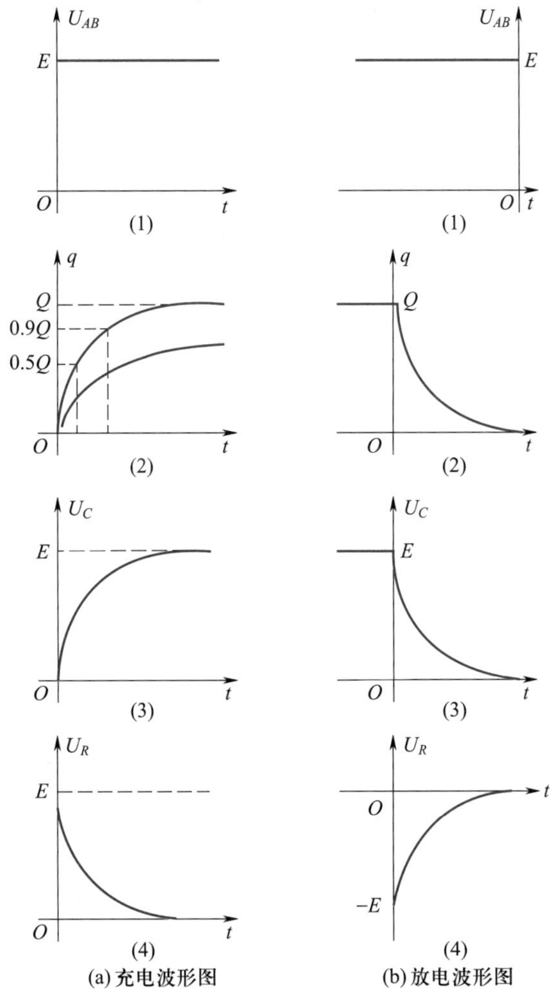

图 21－2　各分量的波形图

由图可知：

(1) RC 串联电路中的电容 C 所贮藏的电量 q 不能突然变化，因而电容两端的电压不能突变，但电阻两端的电压可以突变.

(2) RC 串联电路中的过渡时间 τ 与 RC 有关，τ 值越大过渡时间越长，变化也将越缓慢，τ 值的测量方法如下：将式(21－4)变换可以得到

$$\ln(E-U_C)=\ln E-\frac{1}{\tau}t \tag{21-10}$$

令 $x=t$，$y=\ln(E-U_C)$，则式(21－10)为一直线方程，用图解法或最小二乘法求出直线的 y 轴截距 a 和斜率 b，则由图 21－2 中的 RC 电路开关特性曲线可求出

$$E=\mathrm{e}^a,\quad \tau=-\frac{1}{b}$$

2. RL 暂态过程

将电阻 R 和线圈 L 串联成如图 21－3 所示的电路图. 根据基尔霍夫定律，当 S 与“1”接通时，

$$L\frac{\mathrm{d}i}{\mathrm{d}t}+R_i=E \tag{21-11}$$

上述方程的初始条件是 $i(0)=0$. 将式(21－11)与式(21－2)相比，$i\to q$，$L\to R$，$R\to 1/C$，因此可得到

$$i=I(1-\mathrm{e}^{-t/\tau}) \tag{21-12}$$

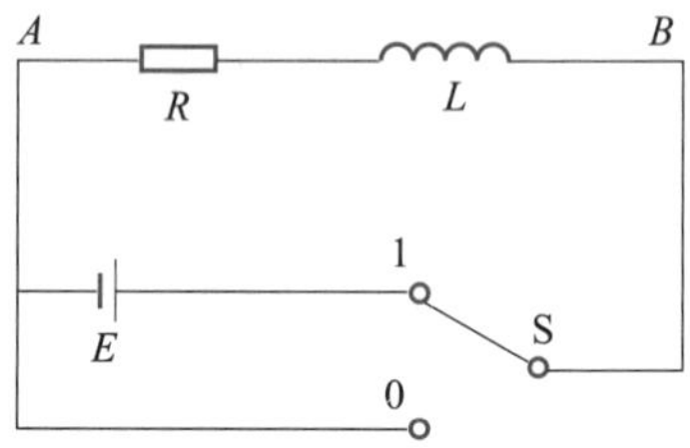

图 21－3　RL 串联电路示意图

式中，$\tau=L/R$ 称为 RL 串联电路的时间常量，单位为 s；$I=E/R$ 为电路中的最大电流值，单位为 A；i 为 RL 串联电路在时刻 t 的电流. 同样可得

$$U_R=Ri=E(1-\mathrm{e}^{-t/\tau}) \tag{21-13}$$

$$U_L=L\frac{\mathrm{d}i}{\mathrm{d}t}=E\mathrm{e}^{-t/\tau} \tag{21-14}$$

当 S 与“0”接通时，

$$L\frac{\mathrm{d}i}{\mathrm{d}t}+Ri=0 \tag{21-15}$$

根据充电后的初始条件 $i(0)=E/R=I$，可以得到

$$i=I\mathrm{e}^{-t/\tau} \tag{21-16}$$

$$U_R=E\mathrm{e}^{-t/\tau} \tag{21-17}$$

$$U_L=L\frac{\mathrm{d}i}{\mathrm{d}t}=-E\mathrm{e}^{-t/\tau} \tag{21-18}$$

它们的波形与 RC 串联电路的类似，同学们可参照图 21－2 画出来.

由波形图可知：

(1) RL 串联电路中的电流不能突然变化，而线圈两端的电压能够突变.

(2) RL 串联电路中，电压或电流的变化快慢与 $\tau=L/R$ 值有关. τ 值的测量方法可仿照前面的步骤进行处理.

3. *LRC* 暂态过程

(1) 放电过程

将 R、L 和 C 串联成如图 21-4 所示的电路. 当 S 与"1"接通时,电源 E 对电容器 C 充电,充到电容两端电压 U_C 等于 E 时,将 S 与"0"接通.

此时
$$U_C+U_L+U_R=0 \tag{21-19}$$
即
$$U_C+L\frac{\mathrm{d}i}{\mathrm{d}t}+iR=0 \tag{21-20}$$
因为
$$i=\frac{\mathrm{d}q}{\mathrm{d}t}=C\frac{\mathrm{d}U_C}{\mathrm{d}t} \tag{21-21}$$
则有
$$LC\frac{\mathrm{d}^2U_C}{\mathrm{d}t^2}+RC\frac{\mathrm{d}U_C}{\mathrm{d}t}+U_C=0 \tag{21-22}$$

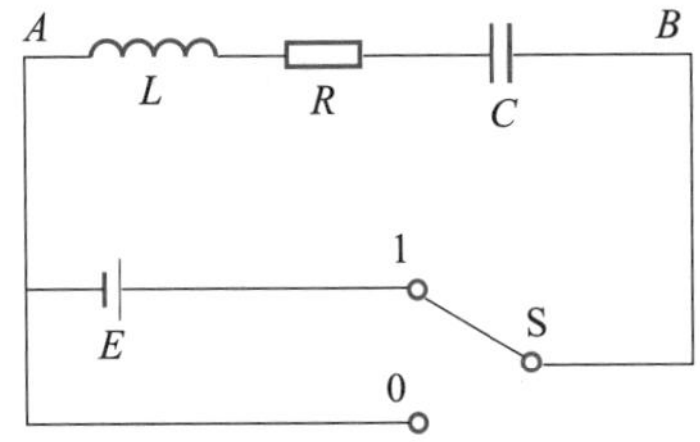

图 21-4　*LRC* 串联电路示意图

此方程的解可分为以下三种情况:

① 当 $R^2<\frac{4L}{C}$ 时,方程的解为
$$U_C=A\mathrm{e}^{-t/\tau}\sin(\omega t+\phi) \tag{21-23}$$
其中时间常量:
$$\tau=\frac{2L}{R} \tag{21-24}$$

式(21-23)表明,U_C 的振幅随时间按指数衰减,变化如图 21-5(a)所示,是欠阻尼振荡状态. 其振荡角频率 ω 为
$$\omega=\frac{1}{\sqrt{LC}}\sqrt{1-\frac{R^2C}{4L}} \tag{21-25}$$

当 $R^2<\frac{4L}{C}$ 时,τ 值一般很大,振幅的衰减很慢,阻尼振动接近于 LC 电路的自由振荡,此时有
$$\omega\approx\omega_0=\frac{1}{\sqrt{LC}} \tag{21-26}$$

② 当 $R^2=\frac{4L}{C}$ 时,方程解为
$$U_C=U\left(1+\frac{t}{\tau}\right)\mathrm{e}^{-\frac{t}{\tau}} \tag{21-27}$$

这是临界阻尼状态,是欠阻尼振荡刚刚不出现振荡的过渡状态,如图 21-5(b)所示.

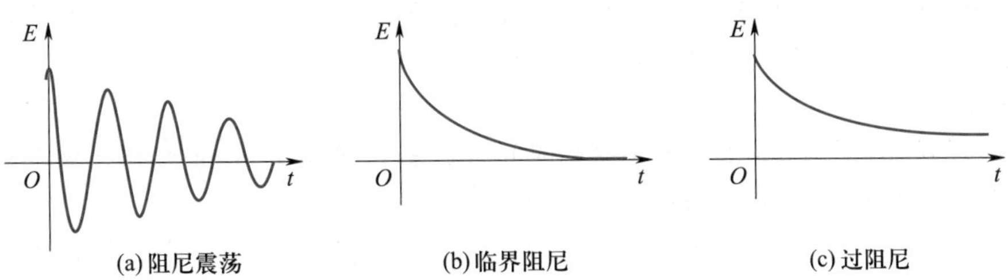

图 21-5　*LRC* 震荡三种示意图

③ 当 $R^2>\dfrac{4L}{C}$ 时，方程解为

$$U_C=U\mathrm{e}^{-\frac{t}{\tau}}\mathrm{ch}(\omega t+\phi) \tag{21-28}$$

这是过阻尼状态，U_C 和时间 t 的关系如图 21－5(b)所示，此时不再出现振荡.

(2) 充电过程

充电过程的电路方程为

$$LC\frac{\mathrm{d}^2U_C}{\mathrm{d}t^2}+RC\frac{\mathrm{d}U_C}{\mathrm{d}t}+U_C=U \tag{21-29}$$

初始条件为 $t=0$ 时，$U_C=0$，$\dfrac{\mathrm{d}U_C}{\mathrm{d}t}=0$，与放电过程相似，也有三种状态(图 21－6)，即

$$\left.\begin{aligned}&\text{当 } R^2<\frac{4L}{C}\text{ 时},U_C=U\left[1-\mathrm{e}^{-\frac{t}{\tau}}\cos(\omega t+\phi)\right]\\&\text{当 } R^2=\frac{4L}{C}\text{ 时},U_C=U\left[1-\left(1+\frac{t}{\tau}\right)\mathrm{e}^{-\frac{t}{\tau}}\right]\\&\text{当 } R^2>\frac{4L}{C}\text{ 时},U_C=U\left[1-\mathrm{e}^{-\frac{t}{\tau}}\mathrm{ch}(\omega t+\phi)\right]\end{aligned}\right\} \tag{21-30}$$

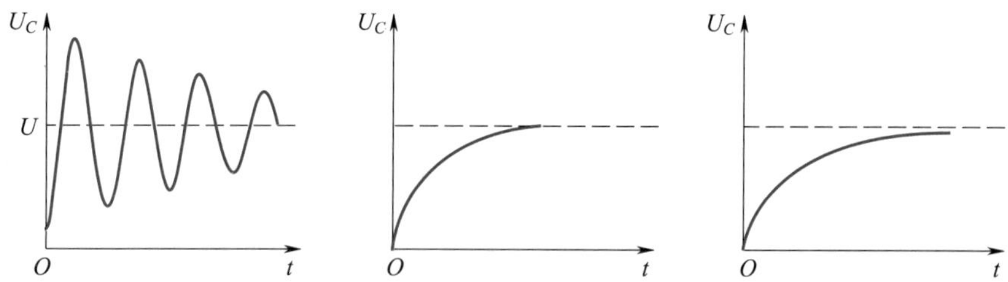

(a)阻尼震荡　(b)临界阻尼状态　(c)过阻尼

图 21－6　三种阻尼模式示意图

实验步骤

四、实验内容

1. 观察并描绘不同 R 值时电流 i 的波形

参照图 21－7，S 为示波器，F 为方波发生器，用来代替图 21－1 中的直流电源和开关 S. 如图 21－8 所示，方波信号在 0 到 t_1 时间内，以恒定电压 U 加在 RC 电路两端，相当于图 21－1 中 S 与“1”接通，这时电容充电，在 t_1 到 t_2 时间内输出电压降到零，相当于 S 与“0”接通，这时电容 C 经电阻 R 放电. 当方波发生器连续将方波电压加到 RC 电路时，电路中将周期地进行充放电过程. 在此实验中，可用示波器观测电容器充、放电过程中，电容两端及电阻两端的电压变化规律(U_R 波形与电流 i 波形相同).

(1) 观测 U_C 的波形

方波信号的频率 f 为 500 Hz，取不同的时间常量 τ(改变 R、C 的值)，用示波器观察 U_C 的波形，描绘荧光屏上的波形，并分析波形的差异.

(2) 从上述观察中选一种波形，从荧光屏上查出其半衰期 t，求出时间常量再和 RC 值相比较.

（3）观测电流 i 的波形

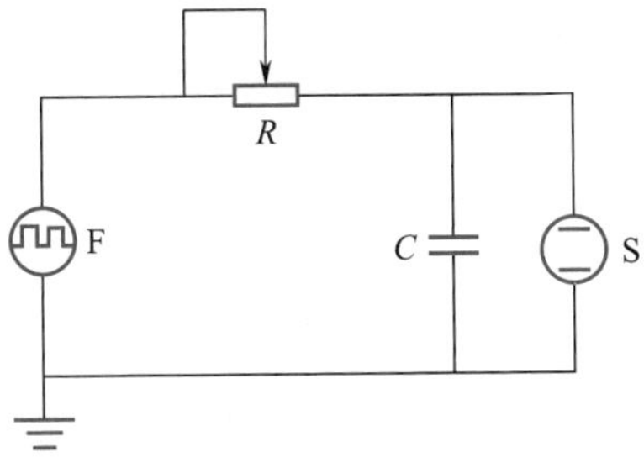

图 21－7　RC 暂态测量原理

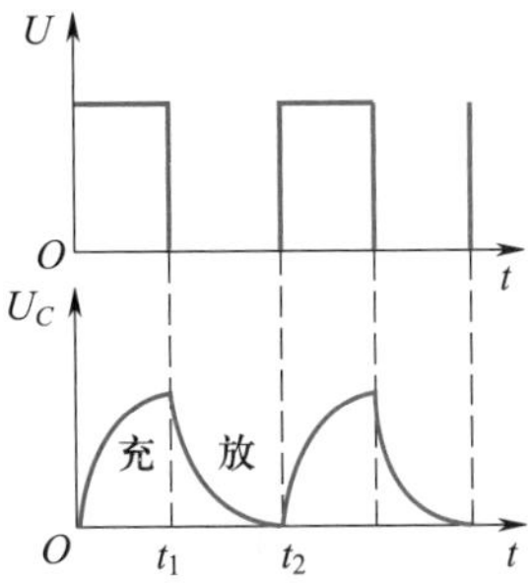

图 21－8　RC 充放电示意图

2. RLC 电路暂态过程的观测

观测三种阻尼状态

电路如图 21－9 所示，取频率 $f=500$ Hz 的方波信号，选用 0.1 μF 的电容，改变电阻 R 的值，在示波器上观测三种阻尼状态的波形.

实验时电阻 R 由小变大，最初出现欠阻尼状态如图 21－10 所示，当数值增大到某一数值（R_0）时，波形刚好不出现振荡，电路处于临界阻尼状态，记下临界电阻 R_0，继续增大电阻，便出现过阻尼状态.

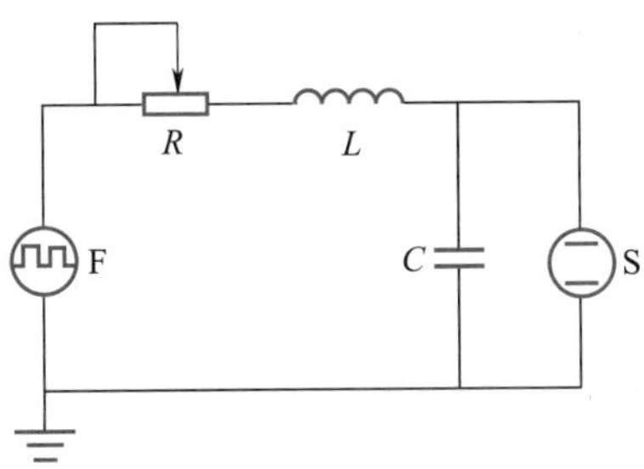

图 21－9　LRC 暂态测量示意图

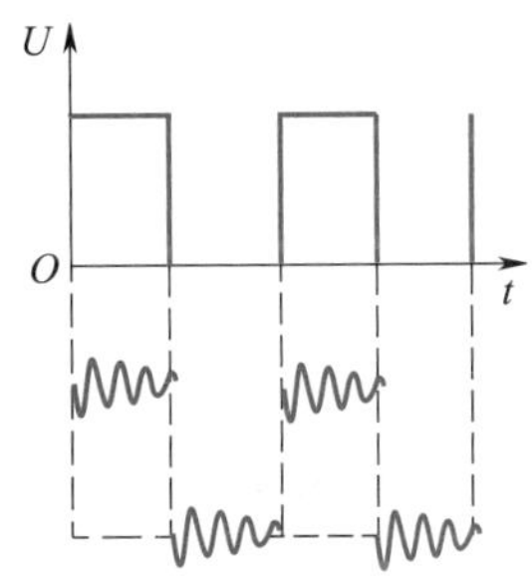

图 21－10　欠阻尼振荡波形

五、思考题

1. 在 RC 电路中固定方波频率 f 而改变 R 的阻值，为什么会有不同的波形？若固定 R 而改变方波频率 f，会得到类似波形吗？

2. 在 LRC 电路中，若方波发生器的频率很高或很低，能观察到阻尼振荡的波形吗？

3. 如何用阻尼振荡的波形来测量 LRC 电路中的振荡周期 T？

4. LRC 电路中，振荡周期 T 与角频率 ω 会因方波频率的变化而发生变化吗？

实验二十二　*LRC* 电路的谐振特性研究

LRC 谐振在生活中无处不在，例如收音机 *LRC* 可使声音传遍世界各地，在电子电路中，*LRC* 应用更加广泛，例如：放大、滤波、解调，等等；然而 *LRC* 也存在一定的危害. 电路中一旦产生谐振而谐振能量过大，会造成电容烧毁爆炸、继电过保护烧毁电路的后果，同时还存在通信干扰等危害. 万事具有两面性，可通过学习相关工作原理对其合理利用，趋利避害.

在电路中，含电容、电感以及电阻等元件的端口网络可能呈现容性、感性以及电阻性，当端口的交流电压 U 和交流电流 I 相位相同时，电路呈现电阻性，这样的电路被称为谐振电路. 谐振的实质是电容中的电场能与电感中的磁场能相互转化，相互补偿. 根据连接方式的不同，谐振电路可以分为串联谐振电路与并联谐振电路.

一、实验目的

1. 研究 *LRC* 串联谐振电路的起振条件与计算方法.
2. 掌握基于幅频特性测量 *LRC* 的谐振点.
3. 通过研究幅频特性曲线以及相关公式计算研究 Q，并阐明其物理意义.

二、实验仪器

低频信号发生器、交流毫伏表、电阻箱、电感线圈、标准电容箱、频率计等.

实验原理

三、实验原理

1. *LRC* 串联谐振电路的原理

LRC 串联谐振电路的原理如图 22-1 所示，主要由信号发生器 F、电容 C、电感 L、电阻 R 以及毫伏表 mV 组成，其中 R' 表示电感 L 的内阻，毫伏表测量电阻 R 两端的电压.

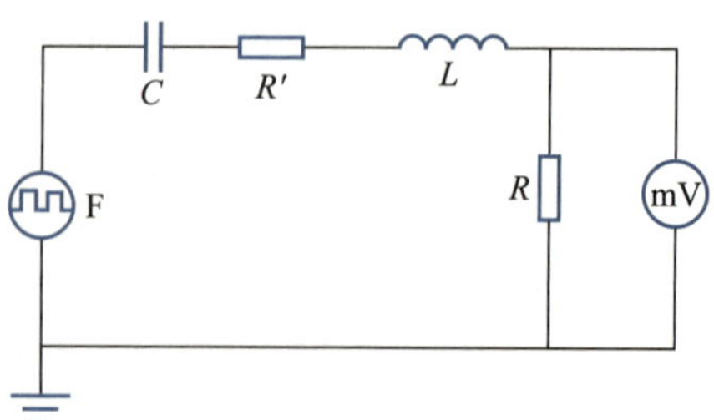

图 22-1　*LRC* 串联谐振电路原理图

交流回路中阻抗 Z 的大小：

$$|Z|=\sqrt{(R'+R)^2+\left(L\omega-\frac{1}{C\omega}\right)^2} \tag{22-1}$$

对此回路总电压 U 与总电流 I 的相位差 Φ，下式成立：

$$\tan\Phi=\frac{U_L-U_C}{U_{R'}+U_R}=\frac{L\omega-\frac{1}{C\omega}}{R'+R} \tag{22-2}$$

或

$$\Phi=\arctan\left[\frac{L\omega-\frac{1}{C\omega}}{R'+R}\right] \tag{22-3}$$

回路中电流 I 为

$$I=\frac{U}{Z}=\frac{U}{\sqrt{(R'+R)^2+\left(L\omega-\frac{1}{C\omega}\right)^2}} \tag{22-4}$$

当 $L\omega-\frac{1}{C\omega}=0$ 时，$\Phi=0$，电流 I 最大. 令 ω_0 与 f_0 分别表示 $\Phi=0$ 的角频率与频率，并称为谐振角频率与谐振频率，即

$$\omega_0=\frac{1}{\sqrt{LC}},\quad f_0=\frac{1}{2\pi\sqrt{LC}} \tag{22-5}$$

如果取横坐标为 ω，纵坐标为 I，可得图 22-2 所示的电流幅值-频率特性曲线.

2. Q 值的物理意义

(1) Q 值的第一个物理意义

当电路发生谐振时 $\Phi=0$，$U_L=U_C$，即纯电感两端的电压与理想电容器两端的电压相等，并且有

$$U_L=IL\omega_0=\frac{U}{R+R'}L\omega_0=\frac{L\omega_0}{R+R'}U \tag{22-6}$$

将式(22-5)代入上式可得

$$U_L=\sqrt{\frac{L}{(R+R')^2C}}U \tag{22-7}$$

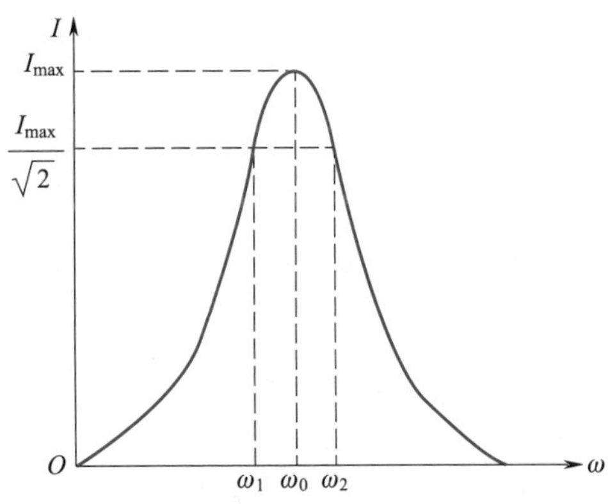

图 22-2　电流幅值-频率特性曲线

令 $Q=\sqrt{\frac{L}{(R+R')^2C}}$，则有

$$U_L=U_C=QU \tag{22-8}$$

Q 称为串联谐振电路的品质因数. 当 $Q\gg1$ 时，U_L 和 U_C 都远大于信号源输出电压，这种现象称为 LRC 串联电路的电压谐振.

Q 的第一个物理意义是：电压谐振时，纯电感和理想电容器两端的电压均为信号源电压的 Q 倍.

(2) Q 值的第二个物理意义

为了描述曲线的尖锐程度，常考查 I 由极大值 I_{max} 下降到 $\frac{I_{max}}{\sqrt{2}}$ 时带宽与谐振频率 ω_0 的关

系. 对应此带宽边界的两个频率 ω_1 和 ω_2 均应满足 $\dfrac{U}{\sqrt{(R'+R)^2+\left(L\omega-\dfrac{1}{C\omega}\right)^2}}=\dfrac{U}{\sqrt{2}(R'+R)}$，由此可以得出

$$L\omega_2-\frac{1}{C\omega_2}=R'+R \quad \left(L\omega>\frac{1}{C\omega}\text{时}\right) \tag{22-9}$$

$$\frac{1}{C\omega_1}-L\omega_1=R+R' \quad \left(L\omega<\frac{1}{C\omega}\text{时}\right) \tag{22-10}$$

上面两式相减得 $L(\omega_1+\omega_2)=\dfrac{1}{C}\left(\dfrac{1}{\omega_1}+\dfrac{1}{\omega_2}\right)=\dfrac{1}{C}\dfrac{\omega_1+\omega_2}{\omega_1\omega_2}$，则

$$LC=\frac{1}{\omega_1\omega_2} \tag{22-11}$$

和式(22－5)比较可得

$$\omega_0=\sqrt{\omega_1\omega_2} \tag{22-12}$$

又将式(22－9)与式(22－10)相加，整理后得

$$\omega_2-\omega_1=\frac{2(R+R')C\omega_1\omega_2}{LC\omega_1\omega_2+1} \tag{22-13}$$

将 $\omega_1\omega_2=\dfrac{1}{LC}$ 代入上式，可得

$$\omega_2-\omega_1=(R+R')C\,\frac{1}{LC}=\sqrt{\frac{(R+R')^2C}{L}}\sqrt{\frac{1}{LC}}=\frac{\omega_0}{Q} \tag{22-14}$$

所以有

$$Q=\frac{\omega_0}{\omega_2-\omega_1}=\frac{f_0}{f_2-f_1} \tag{22-15}$$

显然 f_2-f_1 越小，曲线就越尖锐.

Q 的第二个意义是：它标志曲线的尖锐程度，即电路对频率的选择性，称 $\Delta f\left(=\dfrac{f_0}{Q}\right)$ 为通频带宽度.

3. Q 的测量与计算

(1) 电压谐振法

根据图 22－1 的电路，调节信号源的输出电压，保证在各种不同频率时都相等，然后测量 R 两端的交流电压，U_R 最大时，说明电路已处于谐振状态. 用交流电压表分别测量 L 和 C 两端的电压，则 $Q(U_L/U=U_C/U)$ 值就可计算出来. 如果各种频率的输出信号幅度 U 值都是 1.00 V，那么测得的 U_L 或 U_C 值就是 Q 值的大小，这是测量 Q 值的“Q”表原理.

(2) 频带宽度法

根据图 22－1 的电路，按照上述要求测量各种频率 f 时 R 两端的电压，作 U_R-f 曲线图，找出 U_R 最大时的频率 $f(=f_0)$，即谐振频率，再求出 $U_R(f)=\dfrac{U_R(f_0)}{\sqrt{2}}$ 时的频率 f_1 和 f_2 值，根据式(22－15)计算 Q 值.

以上两种方法得到的 Q 值是一样的，但是测量精确度各不相同. 电压谐振法适于高 Q 值电路，频带宽度法适于低 Q 值电路. 为了测到准确的 Q 值，要多次调到谐振，并用频率计仔细测出每次的谐振频率，再求平均，得到可靠的谐振频率值.

四、实验内容

实验步骤

1. 根据图 22－3 所示的测量电路原理，L 和 C 之值为实验室提供器件的标称值，R 值自己选取（可选使 Q 值在 10 左右的 R 值）. 利用实验室已知的参量，理论谐振值 $f_0=$________；将开关 S 与“1”接通，调节低频信号发生器的电压输出幅度，使得频率在 $f_0\pm1$ kHz 范围内测量时电压有效值都大于等于 3.0 V；然后再将开关 S 与“0”接通，调节低频信号发生器的频率，使频率从 f_0 向两侧扩展，每侧取 8～10 种频率，对每一个频率测电阻 R 的端电压 U_R. 频率的改变范围应能使 U_R 从最大值降到最大值的十分之一以下. 每次频率的改变量应不相等，在 f_0 附近可以小些，或者使 U_R 的每次变化大体相等即可. 这样取值可准确测绘曲线中间突起部分. 根据上述描述，记录数据，绘制类似如图 22－2 所示的电压幅值-频率特性曲线（U_R-f 曲线）.

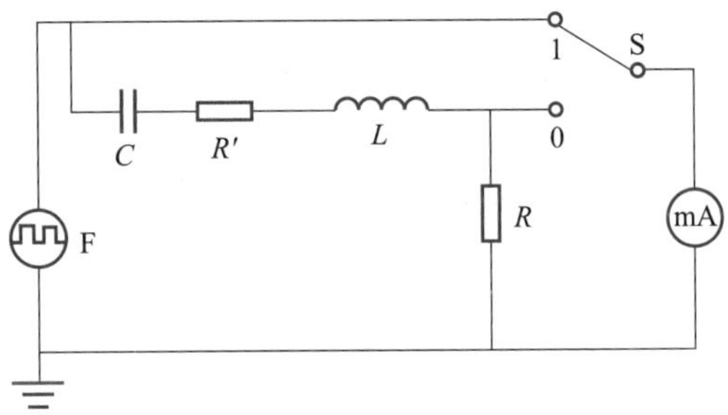

图 22－3　LRC 串联谐振电路原理图

2. 根据实验原理中的电压谐振法与频带宽度法确定 Q 值，并说明 Q 值存在误差的原因.

五、思考题

1. 为什么说 LRC 串联电路的谐振是电压谐振？
2. 测量串联电路的 Q 值有哪几种方法？
3. 测量 LRC 串联电路频率特性时，为什么要保持低频信号发生器的输出电压大小恒定不变？
4. 如何选取测量频率特性的 f？为什么？
5. LRC 串联电路谐振时的特点是什么？

实验二十三　万用表的制作与定标

一、实验目的

万用表是一种多功能、多量程的电学仪器.它可在几个不同量程测量直流电流、直流和交流电压、电阻等物理量.

本实验要求学生掌握万用表的基本原理,设计万用表的实验线路,选择电路元件,在电路板上进行组装、测试并进行调试.

二、实验仪器

1. 量程为 150 μA,内阻约 560 Ω 的表头一只.
2. 2AP9 型二极管两只以及各种阻值的电阻及导线若干.
3. 改装万用表实验板一块.
4. 毫安表、电压表、电阻箱、电源、万用表、滑动变阻器各一只.
5. 电烙铁等焊接工具.

三、设计要求

1. 设计如下功能的万用表:

直流电流挡——0.5 mA、250 mA;

直流电压挡——5 V,2.5 V;

交流电压挡——5 V,250 V;

欧姆挡——Ω×100

2. 阐述设计方案,选择电路元件.
3. 按设计方案焊接线路.
4. 用给定的仪表检验电路,对直流电压 5 V 挡定出准确度等级.
5. 分别画出设计电路图,并对测量误差进行计算.

四、思考题

1. 用欧姆表能否测量电源的内阻或灵敏电流计的内阻?为什么?
2. 能否用直流电压挡去测量电容器充电后两极间的电压?为什么?
3. 能否用万用表检查回路中的电阻值?应该怎样做?
4. 为什么用欧姆挡测电阻时,黑表笔的电势高于红表笔的电势?

实验二十四　电表校正及其内阻测定

一、实验目的

1. 了解箱式电势差计的结构和原理.
2. 比较熟练地掌握箱式电势差计的使用.
3. 运用箱式电势差计校正电压表和电流表.

二、实验仪器

箱式电势差计、标准电阻、直流电源、滑动变阻器、电阻箱、待校正电表、开关和导线.

三、设计要求

1. 校准工作电流

先将倍率开关调至所需位置,3 min 后,调节检流计为零. 再将扳件开关扳向"标准",通过变阻器(限流电阻)R_P 调节工作电流,使电势差计平衡,完成工作电流 I_0 的校准,后续实验中应保持 R_P 不变,若实验中 I_0 发生变化,则需重新校准.

2. 校正电压表

对实验室指定的电压表进行校正,首先要在电压表的全量程中,从小到大选 10～15 点,用电压表和电势差计同时逐点测量. 测量电路可自行设计,需要特别注意电压表量限大于电势差计量限时的处理.

设对同一电压,电压表读数为 U,电势差计读数为 U_P,用 $|U-U_P|$ 的最大值确定电压表的等级. 以 U 为横坐标,$U-U_P$ 为纵坐标作误差图,由于各点的误差有独立性,所以用折线连接相邻点.

3. 校正毫安计

具体要求和步骤 2 相同.

4. 测量电表的内阻

四、思考题

在实验报告中画出设计电路原理图以及相关参量的计算过程.

第三部分

光学篇

测试题

实验二十五　薄透镜焦距的测量

一、实验目的

1. 了解透镜成像的原理与规律.
2. 掌握光学系统的共轴调节技术.
3. 掌握薄透镜焦距的测量方法.

二、实验仪器

溴钨灯(或 LED 光源)、物屏、像屏(白屏)、透镜、平面镜、光学平台、二维(三维)调节架、底座.

三、实验原理

实验原理

薄透镜是最基本的一种透镜,其厚度较自身两折射球面的曲率半径及焦距小得多,故可忽略不计.在近轴条件下透镜成像公式为

$$\frac{1}{u}+\frac{1}{v}=\frac{1}{f} \tag{25-1}$$

如图 25－1 所示,发光物体(P)经透镜成像(P′),设薄透镜的焦距为 f,物距为 u,对应的像距为 v.设入射光线从左至右,规定:① 若物在薄透镜之左(实物),则 $u>0$;若物在薄透镜之右(虚物),则 $u<0$;② 若像在薄透镜之左(虚像),则 $v<0$;若像在薄透镜之右(实像),则 $v>0$.

应用公式(25－1)时,必须注意各物理量的正负号,运算时已知量需添加正负号,未知量则根据求得结果的符号判断其物理意义.

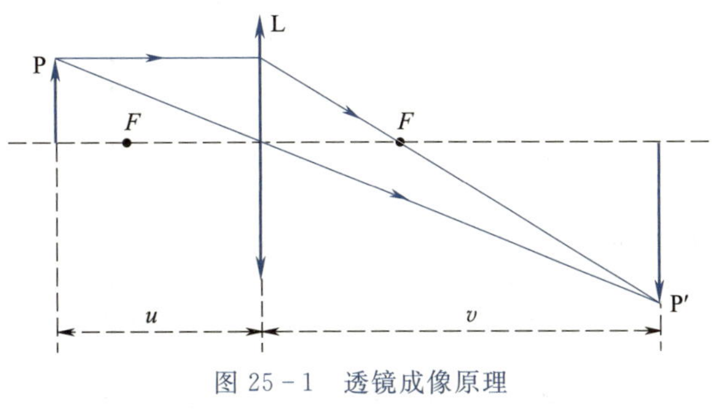

图 25－1　透镜成像原理

1. 会聚透镜焦距的测量

(1) 物像法

光路如图 25－1 所示.测出物距和像距后,代入透镜成像公式即可算出凸透镜的焦距:

$$f=\frac{uv}{u+v} \tag{25-2}$$

(2) 共轭法

当物距在一倍焦距和两倍焦距之间时，可以获得一个放大的实像；当物距大于两倍焦距时，可以得到一个缩小的实像. 当物(P)和像(P′或 P″)之间的距离 L 大于 $4f$ 时，固定物屏和像屏，移动透镜至Ⅰ或Ⅱ处(如图 25-2 所示)，在像屏上可分别获得放大或缩小的实像，若Ⅰ、Ⅱ间的距离为 d，通过成像公式，运用物像的共轭对称性质，可得

$$f=\frac{L^2-d^2}{4L} \tag{25-3}$$

该式表明，只要测出 d 和 L，就可得到 f. 并且这种方法无需考虑透镜本身的厚度，因此测出的焦距较为准确.

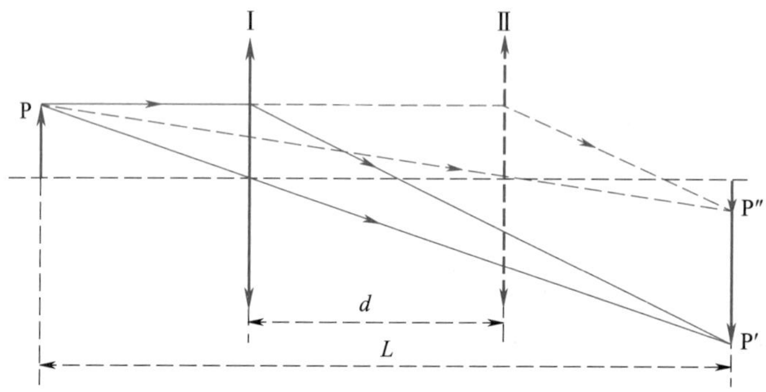

图 25-2　用共轭法测透镜焦距

(3) 自准直法

光路如图 25-3 所示. 若物(P)位于会聚透镜焦平面(F)上，焦平面上物发出的光经会聚透镜成平行光，再经平面镜反射回来，经透镜后，则可在原焦平面位置得到与原物等大倒立的实像(P′). 此时，物和透镜之间的距离等于焦距.

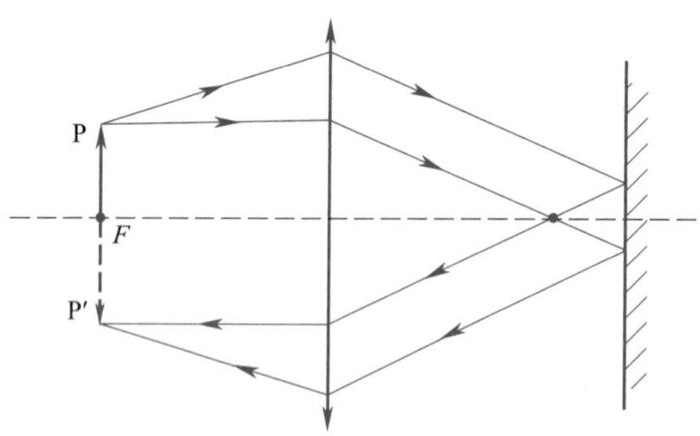

图 25-3　用自准直法测透镜焦距

2. 发散透镜焦距的测量——辅助法

为测量凹透镜的焦距，常用辅助凸透镜与之组成透镜组，得到能用像屏接收的实像，其测量原理如光路图 25-4 所示.

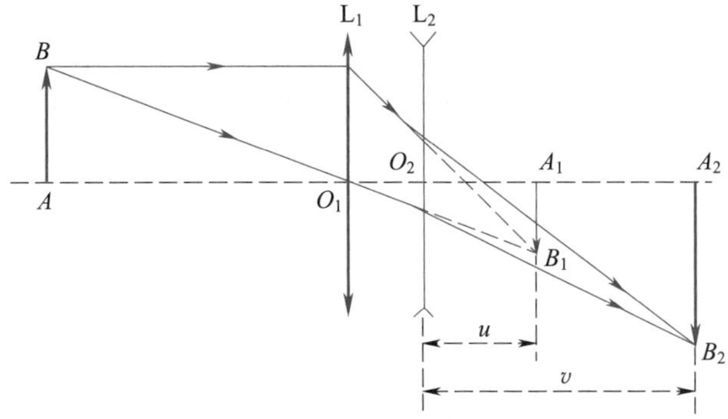

图 25 - 4　用辅助法测发散透镜焦距

实物 AB 经凸透镜 L_1 成像于 A_1B_1，在 L_1 和 A_1B_1 之间插入待测凹透镜 L_2，使得虚物 A_1B_1 又成像于 A_2B_2. 实验中，调整 L_2 与像屏至合适的位置，就可找到透镜组所成的实像 A_2B_2. 此时 O_2A_1 为凹透镜的物距 u（虚物的物距为负），O_2A_2 为凹透镜的像距 v，由成像公式(25 - 1)即可算得凹透镜 L_2 的焦距.

四、实验内容

1. 物像法

(1) 将光源、物屏、透镜和像屏安装在光具底座上，沿米尺放置各光学元件，调节元件等高、共轴，且各光学元件与主光轴垂直.

(2) 以物屏为物，用光源照射，在一定条件下通过物屏的光经会聚透镜后成实像，可用像屏接收并得到清晰的像.

(3) 通过测量物距和像距，利用透镜成像公式(25 - 1)即可算出 f.

(4) 重复以上步骤多次，求焦距平均值.

2. 共轭法

(1) 调节各光学元件共轴、等高，保持物屏与像屏的相对位置不变，并使其距离 L 大于 $4f$.

(2) 紧靠米尺移动透镜，可以找到两个位置使得像屏上都能得到清晰的像，记录这两个位置之间的距离 d，代入公式可得焦距.

(3) 重复以上步骤多次，求焦距平均值.

3. 用自准直法测薄凸透镜焦距

(1) 如图 25 - 3 所示，沿米尺安装好各元件，并调至共轴等高；移动透镜，直至在物屏上获得“三个扇形图案”(即物屏的镂空图案)的倒立实像.

(2) 调平面镜，并微调透镜，使像最清晰且与物等大(充满同一圆面积)，分别记下物屏位置 x_1 和透镜的位置 x_2.

(3) 得到焦距 $f=|x_2-x_1|$.

(4) 重复以上步骤多次，求焦距平均值.

4. 用辅助法测凹透镜焦距

(1) 如图 25 - 4 所示，利用物像法中得到的清晰小像 A_1B_1 作为凹透镜的物，记下小像的位

置 A_1.

(2) 保持凸透镜 L_1 的位置不变,将凹透镜 L_2 放入 L_1 与像屏 A_2B_2 之间,联合移动凹透镜 L_2 和像屏,使屏上重新得到清晰的、放大的、倒立的实像 A_2B_2,记下像屏的位置 A_2,代入公式求焦距.

(3) 重复多次测量,求焦距平均值.

五、注意事项

1. 不能用手摸透镜的光学面.

2. 由于人眼对成像清晰度的分辨能力有限,所以观察到的像在一定范围内都是清晰的,加之球差的影响,清晰成像的位置会偏离高斯像.为使两者接近,减小误差,记录数值时应使用左右逼近的方法.

六、思考题

1. 用共轭法测凸透镜焦距时的成像条件是什么?此法有何优点?

2. 实验室用物像法测凹透镜焦距的成像条件是什么?

3. 将物屏或透镜转 180° 之后,重复测量,得到的焦距是否相同?为什么?

4. 在实验中调共轴有什么必要性?如何调共轴?

实验二十六　杨氏双缝干涉

杨氏双缝干涉实验在光学发展史上具有重要的意义. 1802 年，英国科学家托马斯·杨(Thomas Young，1773—1829)设计了一种把单个波阵面分解为两个波阵面的方法，巧妙地实现了光的干涉. 杨用叠加原理解释了干涉现象，证明了光的波动性，在历史上第一次测定了光的波长，为光的波动学说奠定了基础，成了波动光学的奠基人之一.

一、实验目的

1. 通过观察双缝干涉现象理解干涉的原理.
2. 掌握利用干涉法测量光波波长.

二、实验仪器

光学平台及附件、狭缝、双缝、钠灯、透镜、测微目镜等.

三、实验原理

如图 26－1 所示，在普通单色光源(如钠灯)前面放一个小孔 S，作为单色点光源. 在 S 照明范围内的前方，再放一个开有两个小孔 S_1 和 S_2 的屏. S_1 和 S_2 彼此相距很近，且到 S 等距.

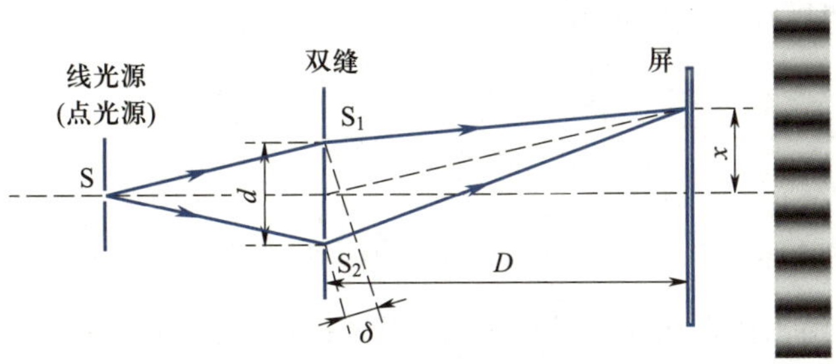

图 26－1　杨氏双缝干涉实验原理图

根据惠更斯原理，S_1 和 S_2 将作为两个次波源向前发射次波(球面波)，形成交叠的波场. 这两个相干的光波在距离为 D 的接收屏上叠加，形成干涉图样. 为提高干涉条纹的亮度，实际中使用三个互相平行的狭缝 S、S_1 和 S_2，然后用测微目镜直接观测.

在激光出现以后，利用它的相干性和高亮度，可用激光束(如氦氖激光束)直接照射双孔，以获得更加明显的干涉条纹.

设两个双缝 S_1 和 S_2 的间距为 d，双缝到屏幕的垂直距离为 D，屏幕与两缝连线的中垂线垂直.

假定 S_1 和 S_2 到 S 的距离相等，则 S_1 和 S_2 处的光振动具有相同相位，屏幕上各点的干涉强度将由光程差 δ 决定. 为了确定屏幕上光强极大和光强极小的位置，选取直角坐标系 $Oxyz$，坐标系的原点 O 位于 S_1 和 S_2 连线的中心，x 轴的方向为 S_1 和 S_2 连线方向，z 轴的方向为 S_1 和 S_2 连线沿纸面的垂直方向. 假定屏幕上任意一点 P 的坐标为 (x, y, D)，则 S_1 和 S_2 到 P 点的距离 r_1 和 r_2 分别为

$$r_1=\sqrt{\left(x-\frac{d}{2}\right)^2+y^2+D^2} \tag{26-1}$$

$$r_2=\sqrt{\left(x+\frac{d}{2}\right)^2+y^2+D^2} \tag{26-2}$$

且满足：

$$r_2^2-r_1^2=2xd \tag{26-3}$$

若整个装置放在空气中，则相干光到达 P 点的光程差为

$$\delta=r_2-r_1=\frac{2xd}{r_1+r_2} \tag{26-4}$$

实际上，$d \ll D$，此时，若 x 和 y 比 D 也小得多（即在 z 轴附近观察），则有

$$r_1+r_2 \approx 2D \tag{26-5}$$

在此近似条件下，式(26-4)变为

$$\delta=\frac{xd}{D} \tag{26-6}$$

再由光程差判据：

$$\delta(P)=m\lambda \quad (m=0, \pm 1, \pm 2, \cdots)，P \text{ 为光强极大处}$$

$$\delta(P)=\left(m+\frac{1}{2}\right)\lambda \quad (m=0, \pm 1, \pm 2, \cdots)，P \text{ 为光强极小处}$$

可知，屏幕上各级干涉强度极大的位置为

$$x=\frac{mD\lambda}{d} \quad (m=0, \pm 1, \pm 2, \cdots) \tag{26-7}$$

干涉强度极小的位置为

$$x=\left(m+\frac{1}{2}\right)\frac{D\lambda}{d} \quad (m=0, \pm 1, \pm 2, \cdots) \tag{26-8}$$

相邻两极大值或两极小值的间距为干涉条纹间距，用 Δx 来表示，它反映了条纹的疏密程度. 干涉条纹的间距为

$$\Delta x=\frac{D}{d}\lambda \tag{26-9}$$

可以得到

$$\lambda=\frac{\Delta x \cdot d}{D} \tag{26-10}$$

式中，d 为两个狭缝中心的间距，λ 为单色光波波长，D 为双缝屏到观测屏（测微目镜焦平面）的距离.

四、实验内容

实验步骤

1. 把仪器按图 26 - 2 所示顺序摆放，调节使之共轴等高. 钠灯照亮狭缝 S，用透镜 L 将 S 成像于测微目镜分划板上，然后将双缝置于 L 近旁，再调节狭缝、双缝和测微目镜分划板刻线的平行. 适当调窄 S，使目镜视场出现便于观察的条纹.

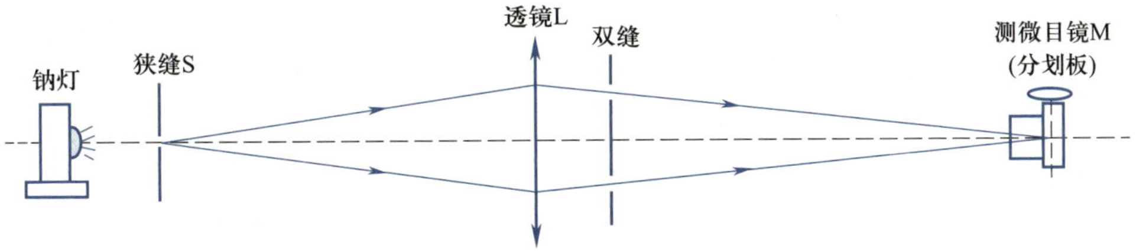

图 26 - 2　实验仪器图

2. 用测微目镜测出干涉条纹的间距 Δx，并测量双缝到测微目镜分划板（测微目镜焦平面）的距离 D. 利用前述公式(26 - 10)：

$$\lambda=\frac{\Delta x\cdot d}{D}$$

算出钠光波长 λ.

五、注意事项

1. 注意调节狭缝的宽度以及狭缝与双缝的平行.
2. 用测微目镜测量条纹间距时，应注意避免回程误差.

六、思考题

1. 实验中狭缝 S 的宽窄对干涉有何影响？
2. 透镜 L 在实验中起何作用？
3. 如何设计实验数据的表格？如何处理实验数据？

实验二十七　用牛顿环干涉测量透镜的曲率半径

等厚干涉是薄膜干涉的一种.当薄膜层的上下表面有一个很小的倾角时,从光源发出的光经上下表面反射后在上表面附近产生干涉,并且厚度相同的地方形成同一干涉条纹,这种干涉称为等厚干涉.牛顿环是等厚干涉的一个典型例子,因最早被牛顿发现,故称这些环纹为牛顿环.但由于牛顿主张微粒学说,故未能作出正确解释.

光的等厚干涉原理在生产实践中具有广泛应用,人们常用它来检查一些介质的表面情况,可用于检测透镜的曲率,测量光波波长,精确地测量微小长度、厚度和角度,检验物体表面的光洁度、平整度等.

一、实验目的

1. 观察光的等厚干涉现象,了解等厚干涉的特点.
2. 掌握用牛顿环测量透镜曲率半径的方法.
3. 掌握读数显微镜的使用方法.
4. 学习用逐差法处理数据.

二、实验仪器

读数显微镜、牛顿环仪、钠灯等.

实验原理

三、实验原理

牛顿环仪由一块曲率半径较大的平凸透镜和一块光学平板玻璃构成,将凸面放在平板玻璃上,就会在凸面和平板玻璃的上表面之间形成一个空气薄层,其厚度由中心到边缘逐渐增加,如图 27-1 所示.用单色光投射于牛顿环仪上,由空气层上下两表面反射的两束光将在空气层附近实现相干叠加.两束光之间的光程差 Δ 随空气层厚度而变,空气层厚度相同处反射的两光束具有相同的光程差,所以,干涉条纹是一组以玻璃接触点为中心的明暗相间的同心圆环.

在图 27-1 中,R 是被测透镜凸面的曲率半径,r_k 是由中心往外数第 k 个圆环的半径,d_k 为第 k 个圆环所对应的空气层厚度,λ 是入射单色光的波长,则第 k 环的两光束的光程差为

$$\Delta_k = 2d_k + \frac{\lambda}{2} \tag{27-1}$$

其中$\frac{\lambda}{2}$是光由光疏介质入射光密介质反射时的半波损失.在玻璃接触点处,空气层厚度为 0,所

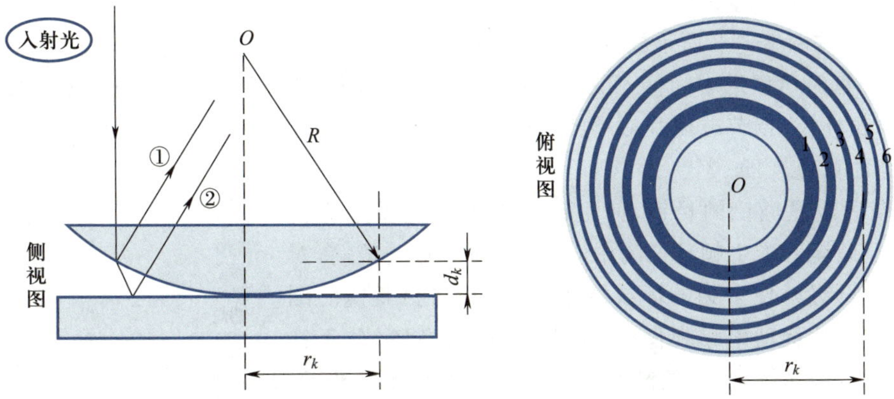

图 27-1　牛顿环仪的干涉光路图及干涉图样

以，光程差为$\frac{\lambda}{2}$，由干涉理论可知此处产生暗点(故玻璃接触点为暗点). 出现暗环的条件为

$$\Delta=(2k+1)\frac{\lambda}{2} \tag{27-2}$$

从式(27-1)和式(27-2)可以得出，出现暗环的条件为

$$2d_k=k\lambda \tag{27-3}$$

由图中所示的几何关系，因 $R\gg d_k$，故有

$$r_k^2=R^2-(R-d_k)^2=2Rd_k-d_k^2\approx 2Rd_k \tag{27-4}$$

最后，将式(27-4)代入式(27-3)，得到由中心暗点往外数第 k 个暗环的半径为

$$r_k=\sqrt{kR\lambda} \tag{27-5}$$

测出第 k 个暗环半径 r_k，即可由已知的波长 λ 求得透镜凸面半径 R.

实际上，两玻璃之间的接触压力使玻璃变形，接触处将不是一个点而是一个面，故看到一个明暗不清的模糊圆斑；或者由于接触处可能有尘埃，增加了一个间隙，产生了光程差，导致干涉环中心为一亮(或暗)斑. 为避免这一系统误差，我们对由中心往外数的第 n 个和第 m 个暗环半径 r_n 和 r_m 进行测量，有

$$r_n^2=nR\lambda,\quad r_m^2=mR\lambda \tag{27-6}$$

两式相减，得

$$R=\frac{r_m^2-r_n^2}{(m-n)\lambda} \tag{27-7}$$

测量中，因为很难确定牛顿环中心的确切位置，所以可用测量直径 D_n 和 D_m 来代替测量半径 r_n 和 r_m，即

$$R=\frac{D_m^2-D_n^2}{4(m-n)\lambda} \tag{27-8}$$

四、实验内容

1. 借助室内灯光，用眼睛直接观察牛顿环仪，调节框上的螺丝使干涉环呈圆形，并位于透镜

的中心，但注意不能拧紧螺丝.

2. 将仪器按图 27－2 所示放好，直接使用单色扩展光源钠灯照明，黄光波长为 589.0 nm 和 589.6 nm(计算时可以取中间值 589.3 nm). 钠灯发出的光照射到玻璃片 G 上，使一部分光由 G 反射进入牛顿环仪. 调节玻璃片 G 的倾斜角度，使显微镜中能观察到明亮的黄色视场.

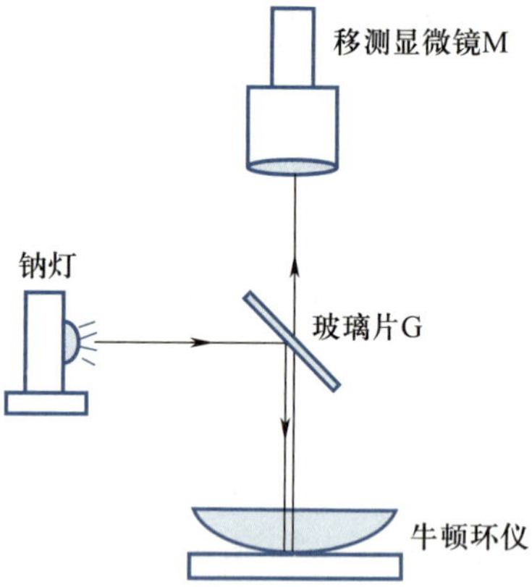

图 27－2　实验光路图

3. 调节读数显微镜的目镜，使目镜中看到的叉丝最为清晰. 将读数显微镜对准牛顿环仪的中心，从下向上移动镜筒，对干涉条纹进行调焦，使看到的环纹尽量清晰，并与显微镜的测量叉丝间无视差. 移动牛顿环仪，使中心暗斑(或亮斑)位于视场中心，调节目镜系统，使叉丝横丝与读数显微镜的标尺平行.(测量时，显微镜的叉丝最好调节成其中一根叉丝与显微镜的移动方向相垂直，移动时始终保持这根叉丝与干涉环纹相切，这样便于观察.)

4. 用读数显微镜测量干涉环的直径. 测量时由于干涉环中心附近比较模糊，一般 m 和 n 不宜取太小. 实验中为防止读数显微镜的回程误差，测量过程中读数显微镜的读数鼓轮必须向同一方向旋转.(例如：转动鼓轮时，先使镜筒向左移动，顺序数到第 25 环，再向右转到第 20 环，使叉丝尽量对准干涉条纹的中心，记录读数，然后继续转动测微鼓轮，使叉丝依次与第 20、第 19、第 18、第 10、第 9、第 8 环对准，顺次记下读数. 再继续转动测微鼓轮，使叉丝依次与圆心右第 8、第 9、第 10、第 18、第 19、第 20 环对准，也顺次记下各环的读数. 数据记录于表 27－1 中，最后，再求得各环的直径.)

表 27－1　牛顿环测量数据记录表(单位：　　)

环序号	20	19	18	10	9	8
左侧位置						
右侧位置						
直径						

5. 用逐差法计算平凸透镜的曲率半径 R，并讨论实验结果的不确定度.

用逐差法处理实验数据：

第①组($m=20, n=10$)，$R_1=\dfrac{D_{20}^2-D_{10}^2}{4\times(20-10)\lambda}$；

第②组($m=19, n=9$)，$R_2=\dfrac{D_{19}^2-D_9^2}{4\times(19-9)\lambda}$；

第③组($m=18, n=8$)，$R_3=\dfrac{D_{18}^2-D_8^2}{4\times(18-8)\lambda}$；

最终，$\overline{R}=\dfrac{R_1+R_2+R_3}{3}$.

五、注意事项

1. 若牛顿环仪、透镜和显微镜的光学表面有污渍，要用专门的擦镜纸轻轻揩拭.
2. 测量显微镜的测微鼓轮在每一次测量过程中只能向一个方向旋转，中途不能反转.
3. 要运用逐差法进行数据处理.

六、思考题

用干涉法测量精密零件平整情况

1. 如果被测透镜是平凹透镜，能否应用本实验方法测定其凹面的曲率半径？试说明理由.
2. 若实验中平凸透镜的凸面有一处凹陷，其干涉条纹会如何变化？
3. 用逐差法处理数据有何好处？

实验二十八　夫琅禾费单缝衍射

光在传播时遇到普通障碍物，若障碍物的尺度小得可以同光波波长相比拟，则光的传播就会出现同直线传播相违背的“绕射现象”，并且产生明暗相间的条纹，即造成光场的特殊分布，这就是光的衍射现象.

衍射是光波动性的典型表现. 通过对衍射现象的研究，我们不仅对光的波动性有了具体的了解，而且还为现代光学的学习奠定了重要的理论基础.

一、实验目的

1. 了解光的衍射现象及产生条件.
2. 会利用夫琅禾费单缝衍射测量单缝宽度.

二、实验仪器

光学平台及附件、可调狭缝、单缝片、钠灯、透镜、测微目镜等.

实验原理

三、实验原理

夫琅禾费衍射是平行光的衍射，在实验中需要借助两个透镜来实现，如图 28－1 所示. 位于透镜 L_1 物方焦面上的点光源经透镜 L_1 产生平行光，平行光照在衍射单缝上. 单缝开口处的波前向各个方向发出子波(衍射光线)，方向彼此相同的衍射光线经透镜 L_2 会聚到其像方焦平面的同一个点上. 将白屏放在透镜的像方焦平面上，到达白屏的不同位置的各子波的相位不同，所以，子波叠加以后会形成明暗相间的条纹.

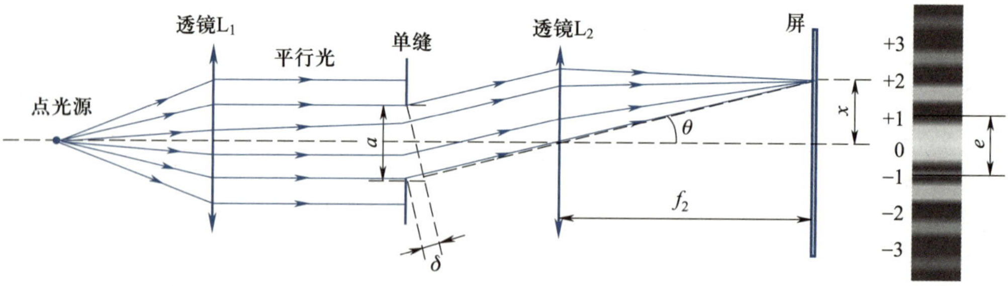

图 28－1　夫琅禾费衍射原理

假设衍射单缝的宽度为 a，暗条纹满足衍射公式：

$$a\sin\theta=k\lambda \tag{28-1}$$

式中，θ 为衍射角，λ 为光波波长，k 为衍射条纹的级次.

当取 $k=\pm 1$ 时，衍射角 θ 较小，有 $\sin\theta \approx \tan\theta \approx \frac{e}{2f_2}$，$e$ 为中央明条纹宽度，则可得单缝宽度表达式：

$$a=\frac{2\lambda f_2}{e} \tag{28-2}$$

四、实验内容

实验步骤

在实验中，为便于观察与测量，采用图 28－2 中方式放置光学元件，调节使之共轴等高. 钠光直射到狭缝 S，产生线缝光源，S 位于透镜 L_1 的焦平面上，通过 L_1 形成平行光束，又经过透镜 L_2，光会聚在测微目镜的分划板上，调节狭缝竖直，并使之与分划板的刻线平行. 最后，在两透镜之间放入衍射单缝（平行光垂直照射单缝），并使之竖直，用测微目镜测量中央明条纹宽度 e，代入公式即可算出单缝宽度 a.

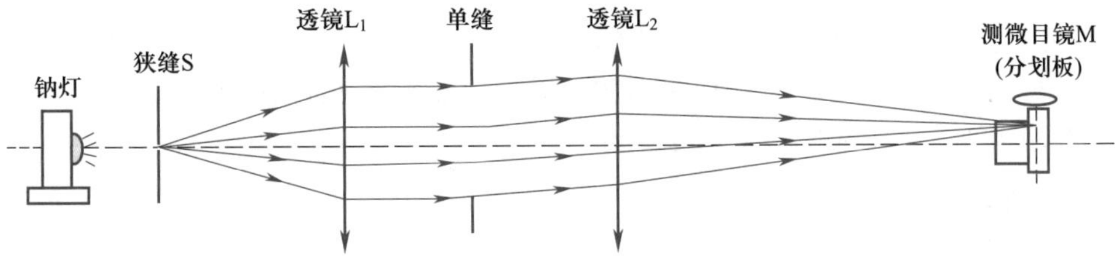

图 28－2　夫琅禾费衍射实验装置图

五、思考题

1. 实现夫琅禾费衍射的条件是什么？

2. 在单缝夫琅禾费衍射图像中，中央明条纹的角宽度与各次极大（明条纹）角宽度间有何关系？

实验二十九　迈克耳孙干涉仪的调节与使用

1881 年，美国物理学家迈克耳孙(Michelson)为测量光速，根据分振幅产生双光束实现干涉的原理精心设计了这种干涉测量装置. 迈克耳孙和莫雷(Morley)用它一起完成了在相对论研究中有重要意义的“以太”漂移实验. 迈克耳孙干涉仪设计精巧、应用广泛，许多现代干涉仪都是以它为原型衍生、发展出来的.

一、实验目的

1. 掌握迈克耳孙干涉仪的调节和使用方法.
2. 调节迈克耳孙干涉仪产生的干涉图，加深对各种干涉条纹特点的理解.
3. 学会用迈克耳孙干涉仪测光波波长.

二、实验仪器

迈克耳孙干涉仪及其相关附件.

实验原理

三、实验原理

迈克耳孙干涉仪的光路如图 29－1 所示.

A 和 B 是材料、厚度完全相同的平行板，A 的一面镀上半反射膜，M_1 和 M_2 为平面反射镜. M_1 是固定的，M_2 和精密丝杆相连可移动，M_1 和 M_2 后各有几个小螺钉可调节其方位.

光源 S 发出的光射向 A 板而分成①、②两束光，这两束光又经 M_1 和 M_2 的反射，分别通过 A 的两个表面射向观察处 O 相遇而产生干涉. B 作为补偿板的作用是使①和②两束光的光程差仅由 M_1 与 M_2 的位置决定，与光在 A 板中的光程无关. 由此可见，这种装置使相干的两束光在相遇之前走过的光程一样长，而且其路径是相互垂直的，分得很开，这正是它的主要优点之一. 从 O 处向 A 处观察，除看到 M_1 镜外，还可通过 A 的半反射膜看到 M_2 的虚像 M_2'，M_1 与 M_2 镜所引起的干涉，显然与 M_1、M_2'引起的干涉等效. M_1 与 M_2'之间形成了空气“薄膜”，因 M_2'不是实物，故可方便地改变“薄膜”的厚度(即 M_1 和 M_2'的距离)，甚至可以使 M_1 和 M_2'重叠或相交，在某一镜面前还可根据需要放置其他被研究的物体，这些都为其广泛的应用提供了便利.

一个点光源 S 发出的光束经迈克耳孙干涉仪的等效薄膜表面 M_1 和 M_2'反射后，相当于由两个虚光源 S_1、S_2 发出的相干光束，如图 29－2 所示. 若原来空气膜厚度(即 M_1 和 M_2'之间的距离)为 d，则两个虚光源 S_1 和 S_2 之间的距离为 $2d$，显然只要 M_1 和 M_2'(即 M_2)足够大，在点光源同侧的任一点 P 上，总能有 S_1 和 S_2 的相干光线相交，从而在 P 点处可以观察到干涉现象，因而这种干涉是非定域的.

若 P 点在某一条纹上，则由 S_1 和 S_2 到达该条纹任意点(包括 P 点)的光程差 δ(即图 29－2 中线段 PS_1 和 PS_2 的差值)是一个常量，故 P 点所在的曲面是旋转双曲面，旋转轴是 S_1 和 S_2 的连线. 显然，干涉图样的形状和观察屏的位置有关. 当观察屏垂直于 S_1 和 S_2 的连线时，干涉条纹是一组同心圆.

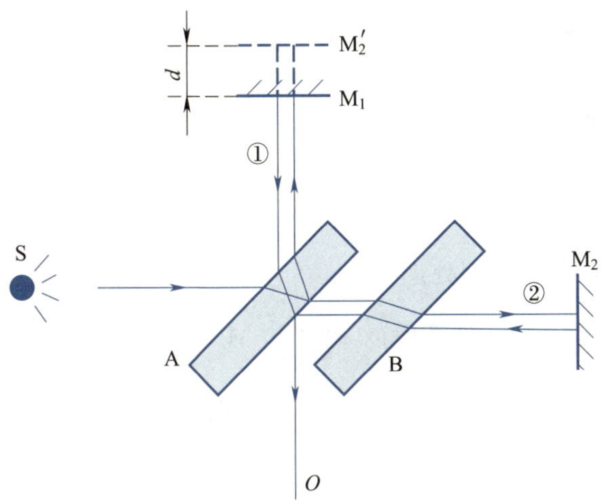

图 29－1　迈克耳孙干涉仪的光路图

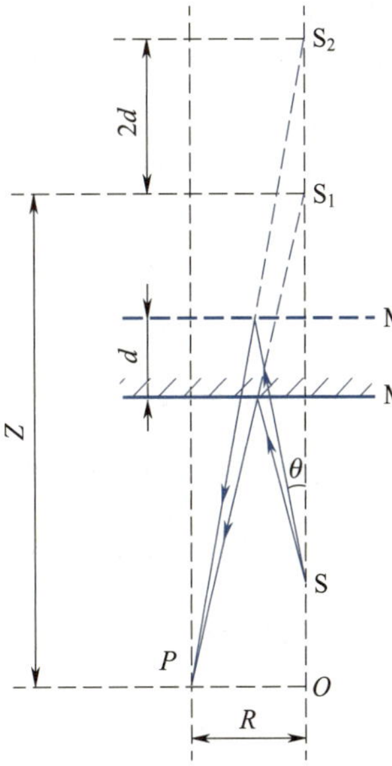

图 29－2　干涉的等效光路图

在 $d \ll Z$ 的条件下，可以导出光程差 δ 近似表达式：

$$\delta \approx 2d\cos\theta\left(1+\frac{d}{Z}\sin^2\theta\right) \tag{29-1}$$

从式(29－1)可知，在 $\theta=0$ 的中心处，光程差 $\delta=2d$，即干涉环的中心处光程差有极大值，中心处干涉级次最高. 假设中心处是亮的，M_2 改变 Δd(光程差改变 $2\Delta d$)，若中心处仍是亮的，则光程差只能改变整数个波长，也就是

$$\Delta d=\frac{1}{2}n\lambda \tag{29-2}$$

即 M_1 和 M_2 之间的距离每改变半个波长，其中心就“吐出”或“吞进”一个圆环. 两平面反射镜之间的距离增大时，中心就“吐出”一个个圆环；反之，距离减小时中心就“吞进”一个个圆环，同时条纹之间的间隔(即条纹的稀疏)也发生变化. 由此可知，只要读出干涉仪中 M_2 移动的距离 Δd 和数出相应“吞进”(或“吐出”)的环数就可求得波长.

把点光源换成扩展光源，扩展光源中各点光源是独立的、互不相干的，每个点光源都有自己的一套干涉条纹，扩展光源上任意两个独立光源发出的光线，只要入射角相同，就处于同一干涉条纹中，并会聚在无穷远处(或放置一个会聚透镜，则会聚在其焦平面上). 当 M_1 和 M_2' 不平行时，用点光源在小孔径接收的范围内，或光源离 M_1 和 M_2' 较远，或光是正入射时，在“膜”附近都会产生等厚条纹.

四、实验内容

1. 观察非定域干涉条纹

(1) 打开 He－Ne 激光器，使激光束基本垂直 M_2 面，调节 M_1 和 M_2 后面的螺钉(有时还要调节激光器的定位螺丝)，使出射的激光束经反射后在毛玻璃上看到的两排光点一一重合.(如果激光光束较粗，可以在光源前方放置小孔光阑.)

(2) 加入扩束镜，使光束成为发散光束，当两光束光程差不太大时，在毛玻璃屏上可观察到干涉条纹，缓慢调节 M_1 后的螺钉，应出现圆环.

(3) 转动鼓轮，观察干涉条纹的形状、疏密及中心“吞进”“吐出”条纹随光程差改变而变化的情况.

2. 采用非定域的干涉条纹测 He－Ne 激光的波长

(1) 缓慢转动微动手轮，移动 M_2 以改变 d，中心每“吐出”或“吞进”50(或 30)个条纹，记下对应的 d 值.总的条纹变化应不小于 250(或 150)条.

(2) 由 $\Delta d=\frac{1}{2}n\lambda$ 可算出波长，用逐差法进行数据处理.

(备注：实验室中的迈克耳孙干涉仪，微动手轮的读数除以 20 才是 M_2 的真实移动位置.)

五、注意事项

1. 实验中不可用手触摸光学元件的光学表面.

2. 实验时要注意防震.

3. 测量过程中要防止回程误差的产生.

光程差近似表达式的导出过程

引力波的探测

六、思考题

1. 实验中如何将激光变为点光源？扩束镜的工作原理是什么？

2. 实验中观察屏上条纹的稀疏取决于什么因素？

3. 假设观察屏是倾斜的，条纹形状会发生什么变化？

4. 如何调节出等厚干涉条纹？

实验三十　分光计的调节与使用

分光计是精确测定光线偏转角的仪器，也称测角仪. 光学中的许多基本量如波长、折射率等的变化都可以直接或间接地表现为光线的偏转角的变化，因而利用分光计可测量波长、折射率，此外还能用它精确地测量光学平面间的夹角. 许多光学仪器（棱镜光谱仪、光栅光谱仪、分光光度计、单色仪等）的基本结构也是以它为基础的，所以分光计是光学实验中的基本仪器之一.

使用分光计时必须经过一系列精细调节才能得到准确的结果，它的调节技术是光学实验中的基本技术之一.

一、实验目的

1. 学会如何调节分光计，掌握分光计的调节技术和技巧.
2. 学习用最小偏向角法测量棱镜折射率.

二、实验仪器

分光计、玻璃三棱镜、平面镜、钠灯等.

三、实验原理

1. 分光计的调节原理和方法

实验原理

调节分光计，最后要达到下列要求：平行光管发出平行光；望远镜对平行光聚焦（即接收平行光）；望远镜、平行光管的光轴垂直于仪器公共轴. 调节的关键是调好望远镜，其他的调节可以以望远镜为标准.

(1) 调节望远镜. 采用自准直法，光从望远镜分划板下半部分的十字窗射出，经望远镜物镜变为平行光出射，再经平面镜反射，最后在分划板成像，如图 30－1(a)所示. 调节完成后，能在目镜中看到绿色“小十字叉丝”（反射像），并位于分划板上与下方十字窗对称的上十字线中心（调整叉丝），如图 30－1(b)所示. 当平面镜绕轴转 180°后，经另一镜面反射的绿色“小十字叉丝”也落在此处. 这表明平面镜平行于仪器主轴，同时，望远镜光轴也垂直于仪器主轴.

【通用调节策略】用“各半调节法”调节望远镜光轴垂直于仪器主轴. 如果绿色“小十字叉丝”和调整叉丝不重合，调节望远镜倾斜使两叉丝间的偏离减小一半，再调节载物台使两者重合. 旋转 180°后，按如上方法再次调节. 重复这个步骤，直到两叉丝间的偏差消除.

【载物台倾角没调好的表现及调节策略】假设望远镜光轴已垂直于仪器主轴，但载物台倾角没调好，如图 30－2 所示. 平面镜(i)面反射光偏上，载物台转 180°后，(ii)面反射光偏下. 在目镜中看到的现象是(i)面反射像在(ii)面反射像的上方. 显然，调整方法是把(i)面像[或(ii)面像]向上（或向下）调到两个像之间距离的一半，使两个像分别落在分划板上同一高度.

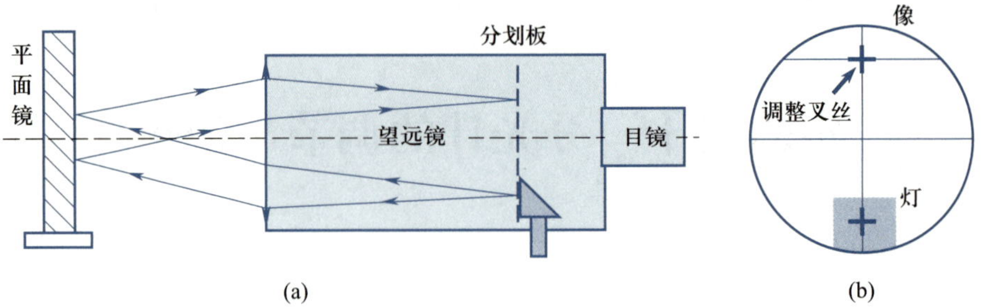

图 30－1　调节望远镜的光路及分划板视场

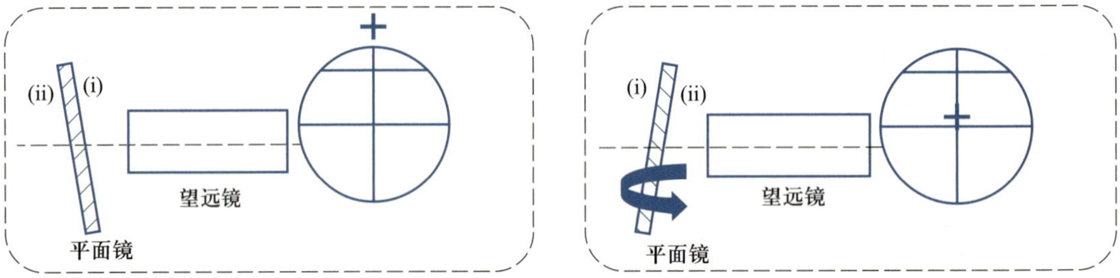

图 30－2　载物台倾角没调好的表现

【望远镜光轴没调好的表现及调节策略】假设载物台已调好，但望远镜光轴不垂直于仪器主轴，如图 30－3 所示. 无论平面镜(i)面还是(ii)面，反射光都偏上(下)，反射像落在分划板上调整叉丝的上方(下方). 显然，调节方法是只要调节望远镜仰角调节螺钉，把像调到与调整叉丝重合即可.

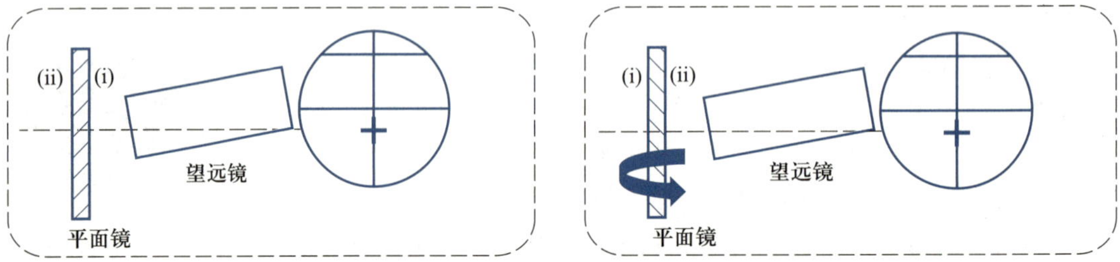

图 30－3　望远镜光轴没调好的表现

【载物台和望远镜光轴都没调节好的表现及调节策略】此时是两镜面反射像一上一下. 先调节载物台调平螺钉，使两镜面反射像等高(但像点没落在调整叉丝上)，再把像调到与调整叉丝重合.

(2) 调节载物台垂直于仪器主轴. 为了便于调节，平面镜和载物台下三个调平螺钉的相对位置如图 30－4 所示. A、B、C 表示三颗载物台调平螺钉，平面镜垂直于螺钉 A 和 B 的连线，这样，平面镜的竖直角度可以通过螺钉 A 和 B 控制. 先调节螺钉 A 和 B，调节完成后将平面镜放置的位置转 90°或 60°，再调节螺钉 C.

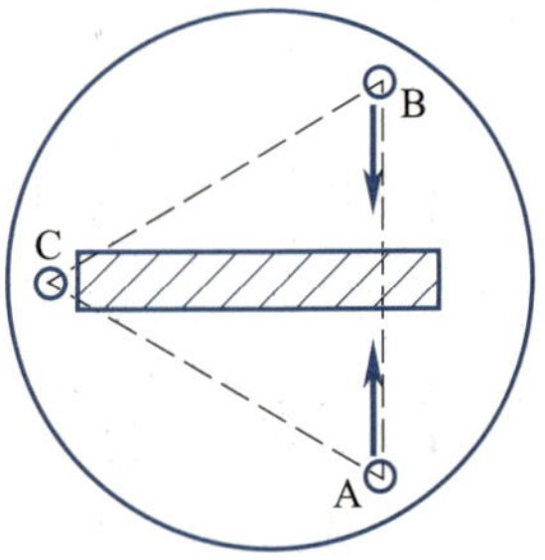

图 30－4　平面镜在载物台上的位置

【思考】按图 30－4 放置平面镜有何优点？

(3) 调节平行光管发出平行光并垂直于仪器主轴. 将被照明的狭缝调到平行光管物镜的焦平面上,物镜将出射平行光,如图 30－5 所示. 调节好以后,狭缝发出的光经平行光管变为平行光,然后经望远镜,光会聚在分化板上,所以,在目镜中看到一条清晰的亮线(即狭缝的像). 同时,将狭缝转向横向,亮线处在中心横线(即测量叉丝的横线),这表明平行光管光轴已与望远镜光轴共线(垂直仪器主轴).

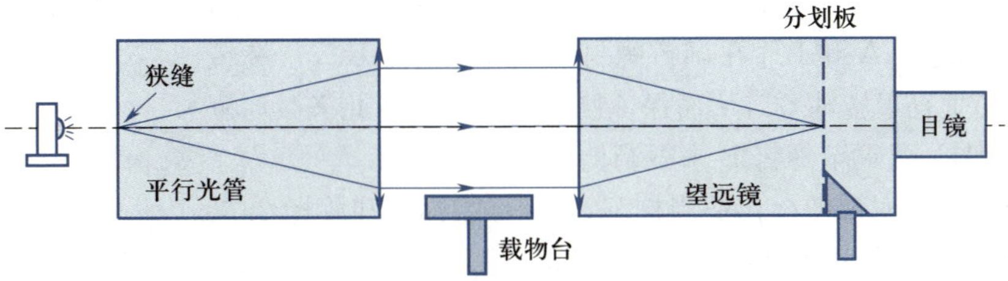

图 30－5　调节平行光管的光路图

2. 用最小偏向角法测三棱镜玻璃的折射率

如图 30－6 所示,一束单色光以 α_1 角入射,经三棱镜两次折射后出射,出射角为 β_2. 入射光和出射光之间的夹角 δ 称为偏向角. 当三棱镜顶角 A 一定时,偏向角 δ 的大小随入射角 α_1 变化而变化. 可以证明,当 $\alpha_1=\beta_2$ 时,δ 为最小. 这时的偏向角称为最小偏向角,记为 $\delta_{\min}$.

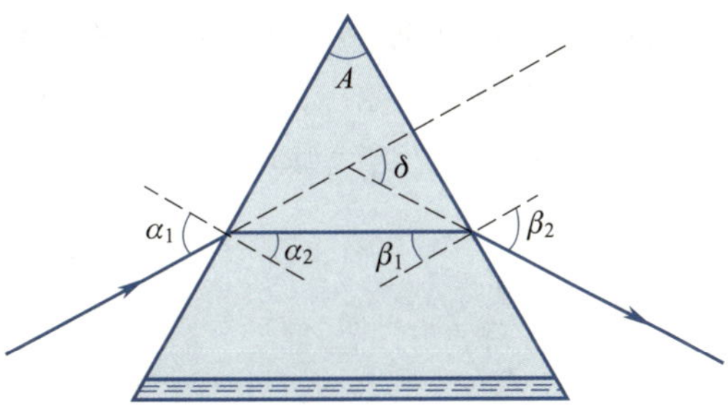

图 30－6　三棱镜最小偏向角原理图

由图 30－6 中几何关系,可以得出

$$\begin{cases}\alpha_2=\dfrac{A}{2}\\[2ex]\alpha_1=\dfrac{A}{2}+\dfrac{\delta_{\min}}{2}\end{cases}\tag{30-1}$$

若三棱镜材料的折射率为 n,则

$$n=\frac{\sin\alpha_1}{\sin\alpha_2}=\frac{\sin\dfrac{\delta_{\min}+A}{2}}{\sin\dfrac{A}{2}}\tag{30-2}$$

四、实验内容

用分光计测量三棱镜玻璃的折射率,步骤如下:

1. 调节分光计,调节方法见实验原理.

2. 进一步调节分光计，使三棱镜的光学侧面垂直于望远镜光轴.

① 接通目镜照明光源，遮住从平行光管照射来的光.

② 将三棱镜放到平台上，使三棱镜的三边与台下三个螺钉的连线所成三边互相垂直，如图 30－7 所示.

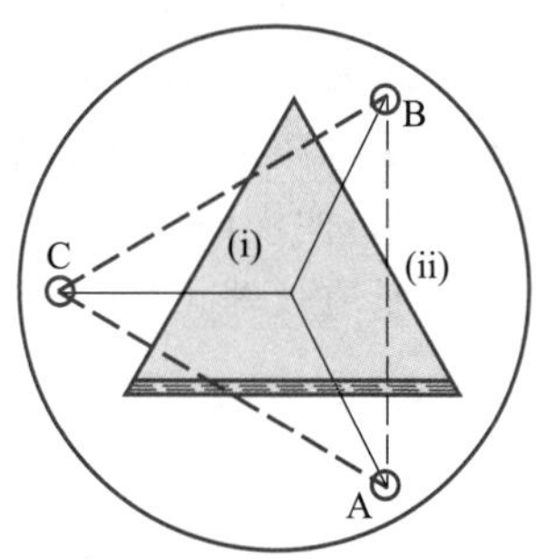

图 30－7　三棱镜在载物台上的位置

③ 转动载物台，在望远镜中观察从光学侧面(i)和(ii)反射回来的十字像，只调载物台调平螺钉，使其反射像都落到调整叉丝处. 切记，只调节载物台的螺钉 A 和 B. [在调节螺钉 A 时，转轴为 BC，三棱镜的光学侧面(ii)垂直于转轴 BC，从而保证侧面(ii)不动，如此来微调侧面(i). 同样道理，通过调节螺钉 B 来微调侧面(ii).]

3. 测棱镜顶角. 对两游标作适当标记，分别称游标 1 和游标 2. 旋紧载物台下的载物台锁紧螺钉，使载物台和游标盘不动；旋紧刻度盘下的螺钉，使望远镜和刻度盘固定不动. 转动游标盘，使三棱镜(i)面正对望远镜，记下游标 1 的读数和游标 2 的读数. 再转动游标盘，使三棱镜(ii)面正对望远镜，记下游标 1 的读数和游标 2 的读数.

此时，游标盘转过的角度 Φ(即同一游标两次读数之差)，是三棱镜顶角 A 的补角，所以，$A=\pi-\Phi$.

4. 测三棱镜的最小偏向角.

实验操作

① 旋松载物台锁紧螺钉，旋紧游标盘止动螺钉. 让平行光管狭缝对准前方钠灯，平行光从平行光管出射. 转动载物台及望远镜，让光经三棱镜折射后射到望远镜中，如图 30－8(a)所示. 再左右轻微转动望远镜，在望远镜中看到经三棱镜出射的钠光谱线(即狭缝像).

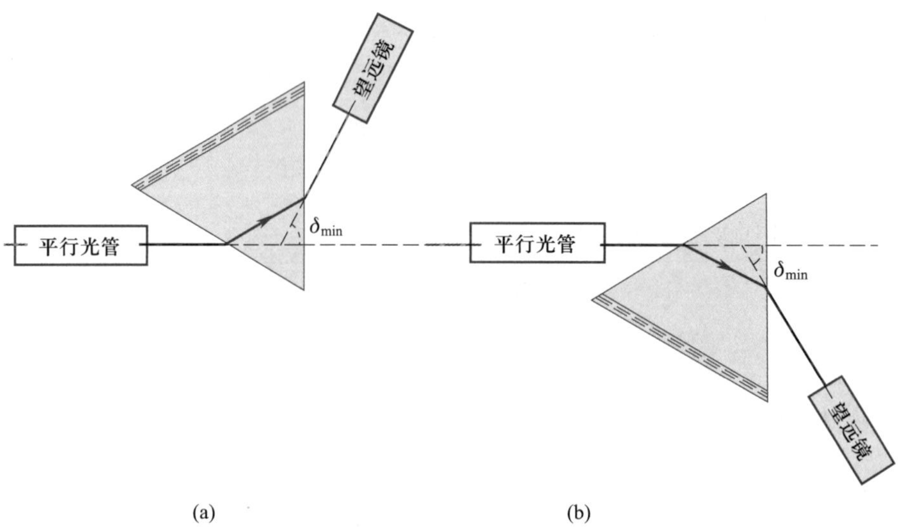

图 30－8　测三棱镜最小偏向角的光路

② 轻轻转动载物台，改变平行光的入射角，在望远镜中将看到谱线跟着移动. 改变入射角，使谱线往偏向角减小的方向移动(即往顶角 A 方向移动). 望远镜要跟踪谱线转动，直到三棱镜继续转动，而谱线开始要反向移动(即偏向角反而变大)为止. 这个反向移动的转折位置(折返

点),就是平行光以最小偏向角入射的方向.

③ 固定载物台,再使望远镜微动,使其分划板上的中心线对准谱线.记下两游标处的读数.

④ 转动载物台,让平行光从三棱镜另一光学侧面入射,折射光偏向另一侧,如图 30－8(b)所示,使平行光向另一侧偏转.同样,找到折返点,再次记下两游标处的读数.

⑤ 此时,游标盘转过的角度 θ(即同一游标两次读数之差)是两倍的最小偏向角,所以,$\delta_{\min}=\theta/2$.

5. 将 $\delta_{\min}$ 值和测得的三棱镜顶角 A 的平均值代入公式(30－2),计算折射率 n.

五、注意事项

1. 狭缝宽度在 0.1 mm 左右为宜,太宽测量误差大,太窄则光通量小;

2. 狭缝易损坏,要尽量少调节,调节时要边看边调,动作要轻,切忌两缝靠太近.

3. 光学仪器螺钉的调节动作要轻柔,锁紧螺钉也是指锁住即可,不可用力过大,以免损坏器件.

六、思考题

1. 分光计有哪些主要部分?其作用分别是什么?

2. 如果光源使用溴钨灯,那么看到的现象有何不同?

实验三十一　光栅衍射

衍射光栅是一种分光用的光学元件，它不仅用于光谱学，还广泛用于计量、光通信、信息处理等领域. 过去制作光栅都是在精密的刻线机上用金刚石在玻璃表面刻出许多平行等距刻痕作为原刻光栅，实验室中使用的光栅是由原刻光栅复制而成的. 20世纪60年代以来，随着激光技术的发展，人们又成功研制了全息光栅.

一、实验目的

1. 加深理解光栅衍射公式及其成立条件.
2. 学会用光栅衍射测定光波波长.
3. 进一步熟悉分光计的调节与使用.

二、实验仪器

实验项目【1】测定光波波长(使用测微目镜)：

光学平台、测微目镜、透射光栅、钠灯.

实验项目【2】测定光栅的基本参量(使用分光计)：

分光计、透射光栅、汞灯和钠灯.

三、实验原理

光栅和棱镜一样，是重要的光学分光元件. 实际上，光栅可以理解为一组数目极多的等距、等宽、平行排列的狭缝，应用透射光工作的称为透射光栅，应用反射光工作的称为反射光栅. 本实验用的是透射光栅.

如图 31-1 所示，平行光照射在光栅 G 上，透镜将与光栅法线成 θ 角的衍射光会聚于其像方焦平面上，则产生衍射明条纹的条件为

$$d\sin\theta = k\lambda \tag{31-1}$$

式(31-1)称为光栅方程. 式中，θ 是衍射角，λ 是光波波长，k 是光谱级次($k=0, \pm1, \pm2, \cdots$). 衍射明条纹实际上是光源狭缝的衍射像，是一条细锐的亮线. 当 $k=0$ 时，在 $\theta=0$ 的方向上，各种波长的亮线重叠在一起，形成明亮的零级像. 对于 k 的其他数值，不同波长的亮线出现在不同方向上形成光谱线. 而与 k 的正、负两组值对应的两组光谱，则对称地分布在零级像两侧. 因此，若光栅常量 d 已知，测定出某谱线的衍射角 θ 和光谱级次 k，则可由式(31-1)求出该谱线的波长 λ；反之，如果波长 λ 已知，则可求出光栅常量 d.

由光栅方程式(31-1)对 λ 微分，可得光栅的角色散：

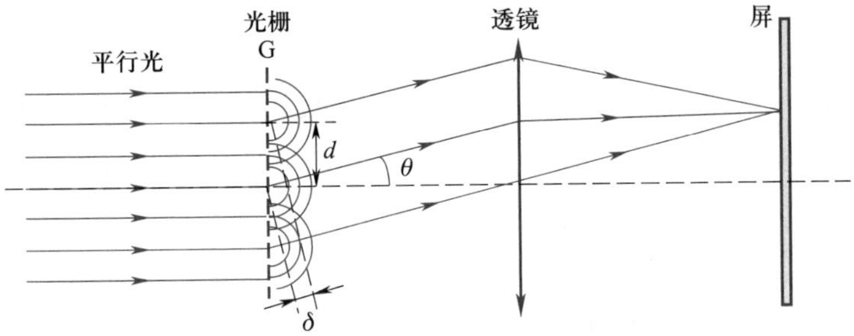

图 31-1　光栅衍射原理图

$$D=\frac{d\theta}{d\lambda}=\frac{k}{d\cos\theta} \tag{31-2}$$

角色散是光栅、棱镜等分光元件的重要参量，它表示单位波长间隔内两单色谱线之间的角间距. 由式(31-2)可知，光栅常量 d 越小，角色散越大；光谱的级次越高，角色散也越大. 而且发生光栅衍射时，如果衍射角不大，则 $\cos\theta$ 近乎不变，光谱的角色散几乎与波长无关，即光谱随波长的分布比较均匀，这和棱镜的不均匀色散有明显的不同.

分辨本领是光栅的又一重要参量，它表征光栅分辨光谱细节的能力. 如果两条波长分别为 λ 和 $\lambda+d\lambda$ 的谱线，经光栅衍射后刚好能被分开，则光栅分辨本领为

$$R=\frac{\lambda}{d\lambda} \tag{31-3}$$

根据瑞利判据，若一条谱线强度的极大值和另一条谱线强度的第一极小值重合，则可认为这两条谱线刚好能被分辨. 由此可以推出

$$R=kN \tag{31-4}$$

其中，k 为光谱级次，N 为光栅刻线的总数.

四、实验内容

实验项目【1】测定光波波长(使用测微目镜)：

1. 按图 31-2 放置各光学元件，并调节它们等高共轴；

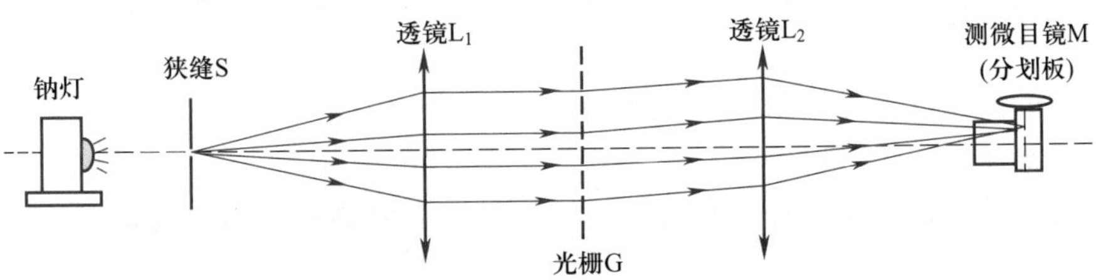

图 31-2　测定光波波长(使用测微目镜)实验的光路图

2. 将狭缝调为竖直方向，并使光栅刻线和测微目镜分划板上的毫米尺刻线与狭缝平行；

3. 将狭缝调窄，前后移动测微目镜，获得清晰的光栅衍射光谱；

4. 光栅方程衍射的各主极大由方程 $d\sin\theta=k\lambda$ 决定，在衍射角很小的情况下，取 $\sin\theta\approx\tan\theta=\frac{l_k}{f_2}$，可得到近似关系：

$$d\frac{l_k}{f_2}=k\lambda,\quad (k=0,\pm1,\pm2,\cdots)$$

其中，d 是光栅常量，l_k 是某待测谱线位置到零级谱线的距离，f_2 是透镜 L_2 的焦距，k 是衍射级次，λ 是光波波长. 用测微目镜测量某待测谱线位置到零级谱线的距离，根据实际仪器查得光栅常量和透镜 L_2 的焦距，然后用公式计算光波波长.

实验项目【2】测定光栅的基本参量(使用分光计)：

1. 分光计的调节，按前述有关内容调节分光计

(1) 望远镜适应平行光(对无穷远调焦).

(2) 望远镜、准直管主轴均垂直于仪器主轴.

(3) 调整载物台.

(4) 准直管发出平行光.

2. 光栅位置的调节

(1) 根据要求，光栅面应调节到垂直于入射光.

(2) 根据衍射角测量的要求，光栅衍射面应调节到和观测面(刻度盘平面)一致，即光栅与分光计的主轴平行. 首先使望远镜对准准直管，从望远镜中观察被照亮的准直管狭缝的像，使其和十字叉丝的竖直线重合，固定望远镜. 然后放上光栅，打开目镜叉丝照明灯(移开或关闭狭缝照明灯)，左右转动载物台，看到反射的绿色小十字，调节载物台的调平螺钉使绿色小十字和目镜中的调整叉丝重合. 这时光栅面已垂直于入射光.

(3) 用汞灯照亮准直管的狭缝，转动望远镜观察光谱，如果左右两侧的谱线相对于目镜中调整叉丝的水平线高低不等，说明光栅的衍射面和观察面不一致，这时，可调节载物台的调平螺钉使它们一致.

3. 测光栅常量 d

根据式(31-1)，只要测出第 k 级光谱中波长 λ 已知的谱线的衍射角 θ，就可求出 d 值.

(1) 已知波长可以用汞灯光谱中的绿线($\lambda=546.07$ nm)，光谱级次 k 根据实验现象确定.

(2) 转动望远镜到光栅的一侧，使十字叉丝的竖直线对准已知波长的第 k 级谱线的中心，记录两游标值；然后，将望远镜转向光栅的另一侧，同上测量，同一游标的两次读数之差是衍射角 θ 的两倍.

(3) 重复测量几次，计算 d 值及其标准不确定度.

4. 测量未知波长

由于光栅常量 d 已测出，因此，测出未知波长的第 k 级谱线的衍射角 θ，就可求出其波长值 λ.

可以选取汞灯光谱中的几条强谱线(紫色、黄色)作为波长未知的测量目标，衍射角的测量方法同上.

5. 测量光栅的角色散

用汞灯作为光源，测量其 1 级光谱中两黄线各自的衍射角，两黄线的波长差 $\Delta\lambda$ 为 2.11 nm，结合测得的衍射角之差 $\Delta\theta(=\theta_2-\theta_1)$，求角色散 $D=\Delta\theta/\Delta\lambda$. 再测其 2 级光谱中两黄线的衍射角，并求角色散.

6. 考察光栅的分辨本领

用钠灯作为光源，观察它的 1 级光谱的两黄线，在此是考察所用光栅，当两黄线刚好能被分辨时，光栅的刻线数应限制在多少.

转动望远镜看到钠光谱的两黄线，在准直管和光栅之间放置一宽度可调的单缝，使单缝的方向和准直管狭缝一致，由大到小改变单缝的宽度，直至两黄线刚刚能被分辨. 反复试几次，取下单缝，用读数显微镜测出缝宽 b，则在单缝掩盖下，光栅的露出部分的刻线数为

$$N=b/d$$

由此求出光栅露出部分的分辨本领 $R(=kN)$，并与由式(31-3)求出的理论值相比较.

五、注意事项

1. 汞灯为冷光源，熄灭后要冷却方可再次点亮；另外，汞灯发射的紫外线很强，不可直视.
2. 禁止用手触摸光栅表面.

六、思考题

1. 比较光栅衍射与单缝衍射的不同点.
2. 画出看到的光栅衍射现象的示意图，并标注光谱级次.

实验三十二　偏振现象的观察与分析

光具有波动性，光是横波还是纵波？1817年，科学家首次观察到光在晶体中传播的双折射现象，菲涅耳据此用横波理论解释了光的偏振．今天我们用光的偏振实验来复现当时的科学研究过程．

同时，偏振现象的研究在光学发展史中有很重要的地位，光的偏振使人们对光的传播（反射、折射、吸收和散射）规律有了新的认识，并在光学计量、晶体性质研究和实验应力分析等技术领域有着广泛的应用．

一、实验目的

1. 观察光的偏振现象，加深对偏振光的了解．
2. 掌握产生和检验偏振光的原理和方法．

二、实验仪器

光学平台及附件、偏振片、波片、光能量指示仪、激光器等．

实验原理

三、实验原理

光波经过某个光学系统后偏振状态可能发生变化，据此可研究光学系统的一些性质．本实验主要研究偏振光的起偏和检测．首先，简单介绍两种偏振器件（偏振片和波晶片）的一些基本特性．

1. 偏振片

偏振片有一个透射轴（也称为透光轴，即偏振化方向）和一个与之垂直的消光轴，对于理想的偏振片，只有电矢量振动方向与透射轴平行的光波才能通过偏振片．因此光波通过偏振片后，将变成电矢量沿透射轴方向振动的平面偏振光，可利用该方法产生平面偏振光（也称为线偏振光）．

通常把产生平面偏振光的偏振片叫做起偏器，用以分析光的偏振的偏振片叫做检偏器．图32－1演示了平面偏振光的产生和检测过程，图中P_1为起偏器，P_2为检偏器．当P_1与P_2透射轴平行时，透射光强最大．当P_1与P_2透射轴垂直时，将会产生消光现象．用这种方法就可以进行平面偏振光的检测．

当P_1与P_2透射轴成θ角时，强度为I_0的平面偏振光通过检偏器后，透射光的强度为

$$I=I_0\cos^2\theta \tag{32-1}$$

此规律被称为马吕斯定律．

2. 波晶片

平面偏振光（其振幅用A表示）垂直入射波晶片，会发生双折射现象，这时非常光e和寻常

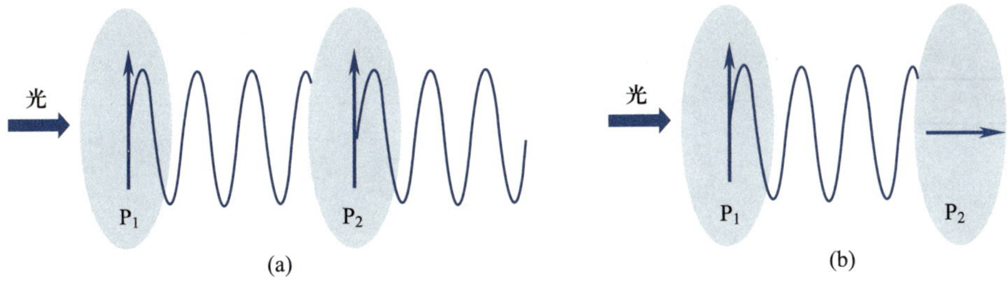

图 32-1　偏振光的产生和检测

光 o 的传播方向是一致的，但速度不同(即折射率不同)，因而从晶片出射时会产生相位差：

$$\delta=\frac{2\pi}{\lambda}(n_o-n_e)d \tag{32-2}$$

式中的 λ 为单色光波长，n_o 和 n_e 分别为 o 光和 e 光的折射率，d 为波晶片厚度. 对某一波长的单色光，产生相位差 $\delta=(2k+1)\pi$ 的波晶片为该单色光的半波片，产生相位差 $\delta=(k+1/2)\pi$ 的波晶片为 1/4 波片.

由于 e 光和 o 光的振动方向互相垂直，取 e 光轴和 o 光轴分别为 x 轴、y 轴方向，沿 x 轴、y 轴的光矢量分量分别为 E_x 和 E_y，则有

$$\begin{cases}E_x=A_e\cos\omega t\\ E_y=A_o\cos(\omega t+\delta)\end{cases} \tag{32-3}$$

式中的 A_e 和 A_o 分别表示 e 光和 o 光的振幅.

当平面偏振光的振动方向与波晶片光轴成 α 角时，o 光和 e 光的振幅是 α 的函数：

$$\begin{cases}A_o=A\sin\alpha\\ A_e=A\cos\alpha\end{cases} \tag{32-4}$$

(1) 考虑波晶片是半波片的情况，即 $\delta=(2k+1)\pi$，可以得到 $E_y=A_o\cos(\omega t+\pi)=-A_o\cos\omega t$，进一步变化可得

$$\begin{cases}E_x=A\cos(-\alpha)\cos\omega t\\ E_y=A\sin(-\alpha)\cos\omega t\end{cases} \tag{32-5}$$

此时光仍为平面偏振光，但是偏振光的振动方向从 α 变为了 $-\alpha$.

(2) 考虑波晶片是 1/4 波片的情况，当 $\alpha=0$ 或 $\pi/2$ 时，$A_o=0$ 或 $A_e=0$，此时光为平面偏振光；当 $\alpha=\pi/4$ 时，$A_o=A_e$ 且 $\delta=(k+1/2)\pi$，此时光为圆偏振光；当 α 为其他角度时，为椭圆偏振光.

四、实验内容

1. 定偏振片光轴. 如图 32-2 所示，激光束通过起偏器 P_1 变成线偏振光，旋转第二个偏振片 P_2(检偏器)，旋转 360°，观察光屏上光斑强度的变化情况：有几个光最暗(消光)方位？当光屏上的光最暗(消光)时，起偏器的偏振轴与检偏器的透射轴相互垂直，两偏振片光轴之间的夹角 θ 记为 90°.

2. 以光能量指示仪代替光屏接收 P_2 出射的光束，旋转 P_2，每转过 10°记录一次相应位置的光能量值和两偏振片光轴之间的夹角 θ，共旋转 180°，在坐标纸上作出 $I_p-\cos^2\theta$ 关系曲线，验证马吕斯定律.

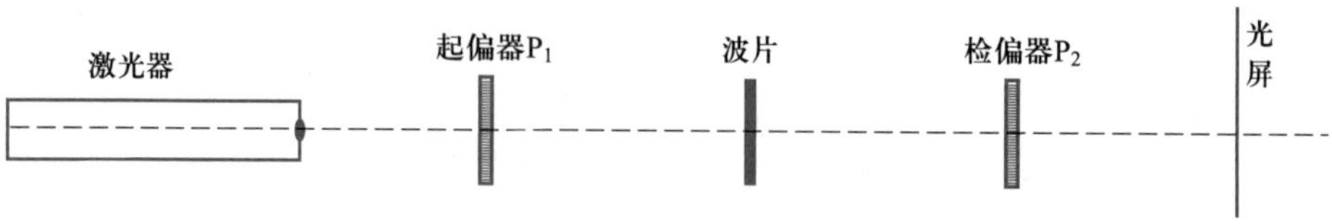

图 32－2　实验光路图

3. 考察平面偏振光通过半波片的情况：

(1) 使起偏器 P_1 和检偏器 P_2 透射轴正交，此时出现消光现象，在两块偏振片之间插入半波片，使半波片绕水平轴转动 360°，同时观察光屏上发生消光现象的次数并作解释.

(2) 使起偏器 P_1 和检偏器 P_2 透射轴正交，插入半波片，调整到消光，再将半波片转过 15°，破坏其消光，旋转检偏器至消光，并记录检偏器旋转的角度.

(3) 依次类推，沿相同的方向旋转半波片，每次转动 15°，记录达到消光时检偏器 P_2 转过的角度.

(4) 将半波片旋转任意角度，这时消光现象被破坏. 把检偏器转动 360°，会观察到什么现象？由此说明通过半波片后，光的偏振状态如何变化，并分析原因.

半波片转过的角度	15°	30°	45°	60°	75°	90°
检偏器转动角度						

4. 用 1/4 波片产生圆偏振光和椭圆偏振光

(1) 使起偏器和检偏器正交，在两块偏振片之间插入 1/4 波片，转动 1/4 波片使其出现消光.

(2) 再将 1/4 波片转动 15°，然后将检偏器转动 360°，会观察到什么现象？这时从 1/4 波片出射的光的偏振状态是怎样的？

(3) 依次将 1/4 波片转动角度为 30°，45°，60°，75°，90°，每次将检偏器转动 360°，记录所观察到的现象，并分析原因.

1/4 波片转动的角度	检偏器转动 360°观察到的现象	光的偏振状态
15°		
30°		
45°		
60°		
75°		
90°		

偏振光的基本概念

双折射现象

五、注意事项

1. 不可用眼睛直接观察激光光束.
2. 在验证马吕斯定律实验中应注意测量仪器挡位量程的选择.

六、思考题

1. 如何用 1/4 波片产生和检验圆偏振光和椭圆偏振光？
2. 偏振光产生的方法有哪几种？

实验三十三　自组光学仪器

投影仪、显微镜和望远镜是常用的光学仪器，通过透镜成像规律，自组投影仪、显微镜和望远镜，并通过研究其特性，加深对透镜及透镜组成像规律的理解.

一、实验目的

1. 进一步熟悉透镜成像规律.
2. 了解投影仪、显微镜和望远镜的基本原理和结构，掌握其调节方法.
3. 了解视角放大率的概念并掌握其测量方法.
4. 学会对显微镜和望远镜视角放大率的测量.

二、实验仪器

二维架、三维调节架、二维平移底座、三维平移底座、通用底座、升降调节座、物镜、目镜、标尺、溴钨灯、聚光透镜、幻灯片、干板架、投影透镜、白屏.

三、实验原理

最简单的显微镜和望远镜都是由两个凸透镜组成. 靠近被观察物体的透镜是物镜，靠近人眼的透镜是目镜. 物镜的作用是使物体成一位于目镜物方焦点以内、靠近物方焦点或位于物方焦点处的实像；目镜则起到放大镜的作用. 显微镜和望远镜虽然基本结构相同，但功能各异. 显微镜是用来观察近处微小物体细节的，而望远镜则是用来观察远处大物体细节的，它们都是延展人眼功能的助视光学仪器.

投影仪器包括投影仪、电影放映机、幻灯机及印相放大机等. 它的主要部分是一个会聚的投影镜头，将画片成放大的实像并投影到屏幕上.

1. 显微镜

图 33-1 所示是显微镜的光路图. 物镜 L_o 的焦距很短，它使位于其物方焦点 F_o 稍远处一点的物体 y_1 成一放大的实像 y_2，然后通过目镜 L_e 在人眼的明视距离 D（约 25 cm）处成一放大的虚像 y_3.

显微镜的视角放大率 M 定义为像 y_3 对人眼的张角 ω' 与 y_1 在明视距离 D 处对人眼张角 ω 之比. 由于 ω' 与 ω 都很小，故有

$$M=\frac{\omega'}{\omega}\approx-\frac{y_3}{y_1}=\beta \qquad (33-1)$$

此式表明，当 y_3 位于明视距离时，显微镜视角放大率与横向放大率 β 相等.

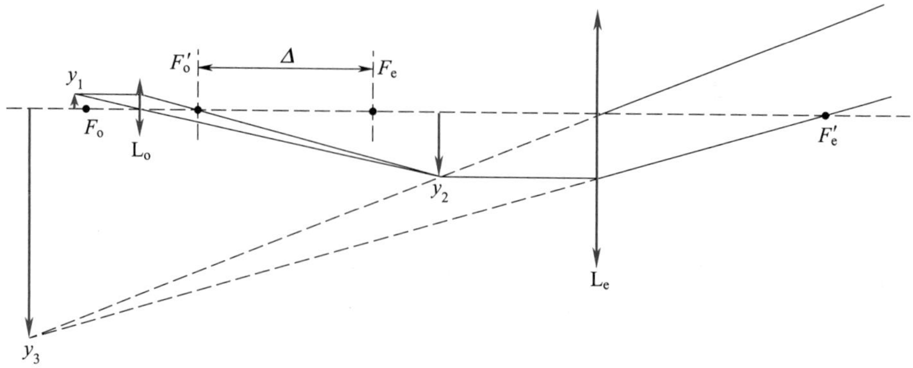

图 33-1　显微镜光路图

通常显微镜的目镜焦距 $f_e \ll D$，故目镜的角放大率 $M_e = D/f_e \approx y_3/y_2$，并在目镜上用 5×、10×等标识标明. 物镜的横向放大率 β_o，则由物镜焦距 f_o 和显微镜的光学间隔 Δ 决定. Δ 是从物镜像方焦点 F'_o 到目镜物方焦点 F_e 的距离. 有 $\beta_o = -y_2/y_1 \approx -\Delta/f_o$，故在物镜上也用 10×、25×等标识标明物镜的放大率. 最后，显微镜的放大率为

$$M \approx -\frac{y_3}{y_1} = -\frac{y_2}{y_1}\frac{y_3}{y_2} \approx \beta_o M_e \approx -\frac{\Delta D}{f_o f_e} \tag{33-2}$$

式(33-2)中的负号表示像是倒立的. 物镜和目镜的焦距越短，光学间隔越长，显微镜的放大倍数越高.

由于显微镜的光学间隔 Δ 一般是固定的(约为 18 cm)，为使人眼通过显微镜清晰地看见被观察物体，只能使物体处于显微镜前的某一确定位置上，该位置到物镜的距离被称为工作距离.

2. 望远镜

如图 33-2 所示是望远镜对无限远处近轴物体的调焦光路. 物镜 L_o 的像方焦距 f'_o 是较长的，其作用是使远处物体成一个实像 y_2，然后再由目镜将此实像放大，使之成像在明视距离到无限远处的任意位置. 实际上，望远镜是使与光轴夹角 ω 很小的入射光束变成与光轴夹角 ω' 较大的出射光束的仪器.

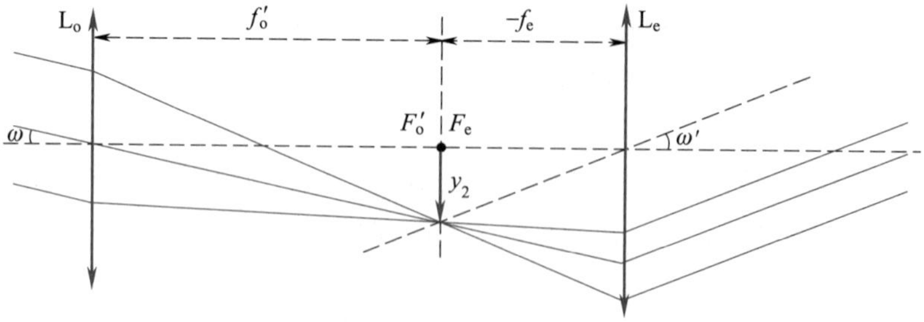

图 33-2　望远镜光路图

由于 ω 与 ω' 都很小，所以望远镜的视角放大率为

$$M = \frac{\omega'}{\omega} \approx \frac{y_2/f_e}{-y_2/f_o} = -\frac{f_o}{f_e} \tag{33-3}$$

式(33－3)表明望远镜的放大倍数等于物镜与目镜的像方焦距之比.

3. 投影仪

投影仪的光路如图 33－3 所示. 通常镜头(投影透镜)到屏幕(像平面)的距离 s' 比透镜焦距 f 大得多,所以,画片总在物方焦平面附近,即物距 $s\approx f$,因而放大率 $M=-s'/s\approx -s'/f$,表明投影仪的放大倍数与投影的像距 s' 成正比.

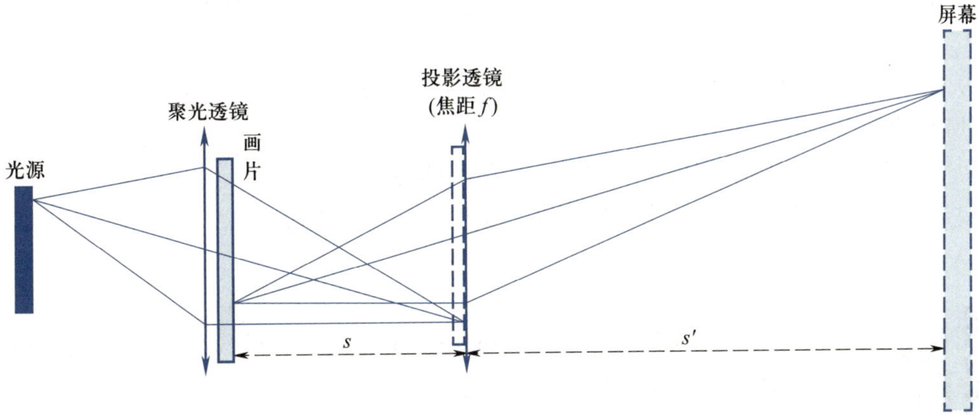

图 33－3　投影仪光路图

为了使光线经画片后进入投影镜头,投影仪器中需要附有聚光系统. 总体来说,聚光系统应有利于在屏幕上得到尽可能强的均匀照明. 通常聚光系统有两种类型:其一适用于画片面积较小的情况,这时聚光透镜将光源的像成在画片上或在它的附近;其二适用于画片面积较大的情况,这时聚光透镜将光源的像成在投影透镜上. 图 33－3 中所画出的是第二种情况.

四、实验内容

1. 自组显微镜

(1) 布置各器件,调节到等高、共轴状态;

(2) 将物镜与目镜的距离调整为 24 cm;

(3) 沿米尺移动靠近光源毛玻璃的微尺 M_1,从显微镜系统中得到微尺放大像;

(4) 在目镜之后放置一与光轴成 45°角的半透半反镜,距此镜 25 cm 处放置一小灯照明的微尺 M_2;

(5) 移动物镜前的微尺 M_1,消除视差,读出未放大的微尺 M_2 的 30 格所对应的放大的微尺 M_1 的格数 a;

(6) 计算:若微尺 M_2 与 M_1 的刻度比值为 10,显微镜的测量放大率 $M=\dfrac{30}{a}\times 10$;显微镜的理论放大率 $M\approx\dfrac{\Delta D}{f_{\mathrm{o}}f_{\mathrm{e}}}$.

2. 自组望远镜

(1) 组成开普勒望远镜,向约 3 m 远处的标尺调焦,并对准两个红色指标间的“E”字(距离 $d_1=5$ cm);

(2) 用另一只眼睛直接注视标尺，经过适应性练习，在视觉系统获得被望远镜放大的和直观的标尺的叠加像，再测出放大的红色指标内直观标尺的长度 d_2；

(3) 求出望远镜的测量放大率 $M=d_2/d_1$，并与计算理论放大率 f_o/f_e 作比较；

3. 自组投影仪

(1) 按投影仪光路图布置器件，调节各器件等高共轴；

(2) 使投影透镜与白屏相距约 1.2 m，前后移动幻灯片（画片），使其在白屏上成清晰的放大像；

(3) 使聚光透镜固定在紧靠幻灯片的位置，取下幻灯片，前后移动光源，使其光源成像于投影透镜所在的平面；

(4) 重新装好幻灯片，观察白屏上像的亮度和照度的均匀性；

(5) 取下聚光透镜，观察白屏上像的亮度和照度均匀性的变化.

五、思考题

单口径最大的射电望远镜

1. 如何将截面半径较小的一束平行光扩展成截面半径较大的一束平行光，且传播方向不变？

2. 比较显微镜与望远镜的相同与不同之处.

实验三十四　利用光电效应测定普朗克常量

1887 年，赫兹发现光电效应，此后许多物理学家对光电效应做了深入的研究，总结出光电效应的实验规律. 1905 年，爱因斯坦提出“光量子”假说，圆满地解释了光电效应，并推导出了光电效应方程. 密立根用了十年的时间对光电效应进行定量的实验研究，证实了爱因斯坦光电效应方程的正确性，并精确测出了普朗克常量. 爱因斯坦和密立根因光电效应等方面的杰出贡献，分别于 1921 年和 1923 年获得诺贝尔物理学奖.

人们利用光电效应制成光电管、光电倍增管等光电器件，这些器件在科学技术中得到了广泛应用.

一、实验目的

1. 了解光电效应及其规律，理解爱因斯坦光电效应方程的物理意义.
2. 用减速电位法测量光电子的初动能，求普朗克常量.

二、实验仪器

普朗克常量实验仪(YGP－3).

三、实验原理

当一定频率的光照射到某些金属表面时，可以使电子从金属表面逸出，这种现象称为光电效应. 所产生的电子，称为光电子. 光电效应是光的经典电磁理论所不能解释的. 当金属中的电子吸收一个频率为 ν 的光子时，便获得这个光子的全部能量 $h\nu$，如果该能量大于电子摆脱金属表面约束所需要的逸出功 W，电子就会从金属中逸出. 按照能量守恒定律有

$$E_k = h\nu - W \tag{34-1}$$

上式称为爱因斯坦光电效应方程，其中 E_k 是光电子逸出表面后所具有的初动能. 它说明光子能量 $h\nu$ 小于 W 时，电子不能逸出金属表面，因而没有光电效应发生；激发光电效应的入射光最低频率 $\nu_0 = W/h$，称为光电效应的截止频率(又称红限). 不同金属材料有不同的逸出功，因而 ν_0 也是不同的. 因为一个电子只能吸收一个光子的能量，所以光电子获得的能量只与光子的频率有关，与光强无关.(光的强弱与光电子的数量有关，所以饱和光电流与入射光的强度有关.)

由式(34－1)可见，射到金属表面的光频率越高，逸出电子的动能必然也越大，所以即使阴极不加电压也会有光电子落入阳极而形成光电流，甚至阳极电势比阴极电势低时也会有光电子落到阳极，直至阳极电势低于某一数值时，所有光电子都不能到达阳极，光电流才为零. 这个相对于阴极为负值的阳极电势差 U_a 被称为光电效应的遏止电压(也称为遏止电势差). 显然，有

$$eU_a = E_k \tag{34-2}$$

代入式(34－1),有

$$eU_a = h\nu - W \tag{34-3}$$

将式(34－3)改写为

$$U_a = \frac{h\nu - W}{e} = \frac{h}{e}(\nu - \nu_0) \tag{34-4}$$

上式表明,遏止电压 U_a 是入射光频率 ν 的线性函数,如图 34－1 所示. 图中直线的斜率 k 是一个常量:

$$k = \frac{h}{e} \tag{34-5}$$

由此可见,只要用实验方法测出不同频率下的 $U_a - \nu$ 曲线,并求出此曲线的斜率,就可以通过式(34－5)求出普朗克常量 h.(其中 $e = 1.60 \times 10^{-19}$ C 是电子电荷量的绝对值.)

图 34－2 是利用光电管进行光电效应实验的原理图. 当频率为 $\nu(\nu > \nu_0)$ 的光照射到光电管阴极上,有光电子从阴极逸出. 若在阴极 K 和阳极 A 之间加正向电压 U_{AK},K 与 A 之间将形成电场,电场将对光电管阴极逸出的光电子起加速作用,随着电压 U_{AK} 的增加,到达阳极的光电子将逐渐增多. 当正向电压 U_{AK} 增加到一定的值时,光电流达到最大,不再增加,此时称为饱和状态,对应的光电流称为饱和光电流.

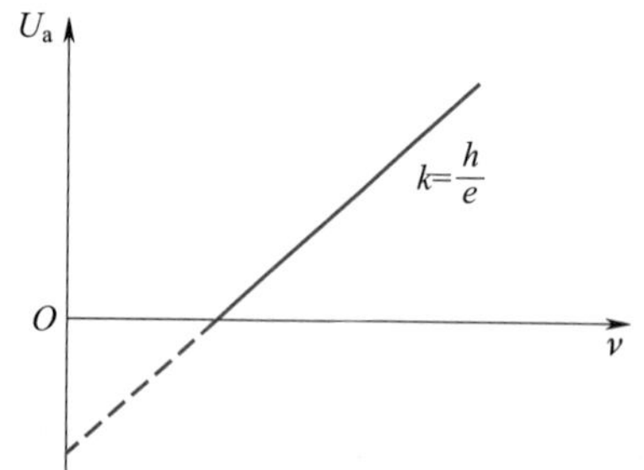

图 34－1　遏止电压与光子频率的关系

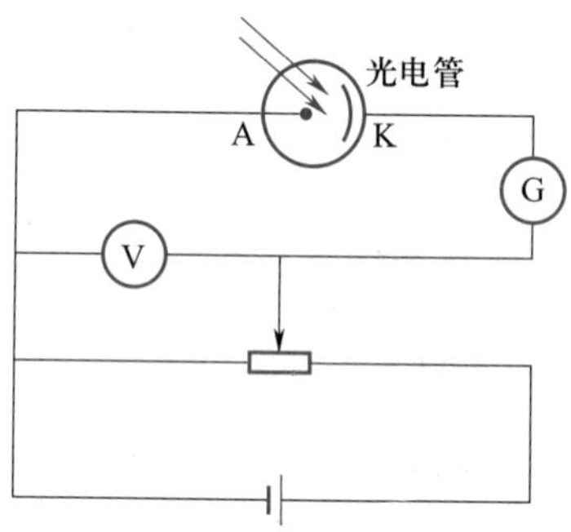

图 34－2　光电效应实验原理图

由于光电子从阴极表面逸出时具有一定的初动能,所以当两极间电势差为零时,仍有光电流存在,若在两极间施加反向电压 U_{AK},光电流随之减少;当反向电压达到遏止电压时,光电流为零.

四、实验内容与步骤

1. 接通卤钨灯电源,松开聚光器紧定螺丝,伸缩聚光镜筒,并适当转动横向调节旋钮,使光束会聚到单色仪的入射狭缝上.

2. 单色仪的调节

单色仪输出的波长示值是根据波长读数鼓轮(千分尺)读取的. 读数装置的主标尺(固定刻度)一格对应 100 nm,其中一个格中间有半刻度线,鼓轮转一圈正好是半格(对应 50 nm),鼓轮左端的圆锥台周围均匀地划分成 50 个小格(可动刻度),每小格对应 1 nm. 当鼓轮边缘与小管上的“0”刻线重合时,单色仪输出的是零级光谱. 例如:鼓轮边缘与主标尺上的“5”刻线重合时,波长示值为 500 nm.

由于单色仪所选的光栅的闪耀波长是 500 nm，因此，波长在 500 nm 左右的光强度较强. 建议选用 500 nm 附近(450～550 nm)的波长.

(备注：单色仪的校准：将光电管前的挡光板置于挡光位置，转动波长读数鼓轮，并观察通过出射缝到达挡光板的从红到紫的各种单色光斑，直至波长读数鼓轮转到零位置，挡光板上出现白光. 可能发生的零位置差在实验读数时应予以修正.)

3. 通电预热 20～30 min 后. 关闭单色仪的前遮光板，将光电管两端的电压调为零. 选用合适的电流量程(一般选用 10^{-13} 挡)，调节放大测量器的“调零”旋钮，将电流调为零. 再按下“调零确认”按键，此时“调零确认”指示灯亮.

4. 测量遏止电压，有“零点法”和“拐点法”，如下：

【方法一】零点法

遏止电压是光电流为零的电压. 因此，通过调节单色仪，用不同波长的光照射光电管，调节光电管两端的电压，使光电流为零，记下电压(即截止电压).

(1) 打开单色仪的前遮光挡板，调节波长读数鼓轮，选一种合适波长的光，确保光照射到光电管上.

(2) 电压表选用 −2 V～0 量程，电压表头的读数表示光电管两端的电压，单位为 V. 通过右侧的“→←”键调节选择调节位，用“↑↓”键调节数值的大小. 缓慢地调节电压，使电流表示数为零.

注意：电压读数显示“FFFF”为负的超量程，“OFFF”为正的超量程. 如果出现“FFFF”，应将电压往正方向调，如果出现“OFFF”，应将电压往负方向调.

(3) 陆续选择适当间隔的另外 3～4 种波长进行同样测量，列表记录数据.

【方法二】拐点法

测量光电管的伏安特性曲线，在遏止电压位置附近，光电流迅速增加，根据光电流迅速增加的位置确定遏止电压.

(1) 让光电管对准单色仪的出射狭缝(缝宽仍取较窄一挡)，在可见光范围内选择一种波长输出，并选用适当的电流量程.

(2) 改变外加直流电压，从 −1.99 V 起缓慢调高外加直流电压，注意观察电流变化情况，记住使电流开始升高的电压值.

(3) 针对各阶段电流变化情况，分别以不同的间隔数值调节电压，读取对应的电流值. 在上一步观察到的电流起升点附近，增加监测密度，以较小的间隔读取数据(电流转正后，可适当加大测试间隔，注意：正向电压不用加很大.)

(4) 陆续选择适当间隔的另外 3～4 种波长进行同样测量，列表记录数据.

5. 根据测得的不同波长光的遏止电压，作出遏止电压与光子频率的曲线，求出斜率，并计算普朗克常量.

光电效应实验相关知识

光的波粒二象性

五、思考题

1. 什么是光电效应? 光电流大小与哪些因素有关?

2. 描绘光电管的伏安特性曲线.

实验三十五　透射光与反射光的偏振

一、实验内容

1. 自然光以布儒斯特角 i_B 入射玻璃片(也可用生物实验用载玻片)时,反射光为线偏振光. 利用这个特征,设计实验方案(含实验光路图),测出玻璃片的布儒斯特角 i_B.

2. 将五片玻璃片叠在一起,形成玻璃堆,光以布儒斯特角 i_B 入射. 设计实验方案,测量透射光的偏振度.

3. 将测得的实验值与理论值进行比较,讨论误差的来源,并讨论应如何改进实验方案.

二、实验仪器(可供选择)

光学平台及附件、激光器、溴钨灯、测角器、光能量指示仪、偏振片、波片等.

实验三十六　光具组的基点

由两个或两个以上的共轴薄透镜组合而成的光学系统(共轴球面系统),称为光具组.最后成像的位置及像的大小可以利用作图法逐步求出,也可用薄透镜成像的高斯公式逐步计算出.但是,最简捷的方法通常是将光具组作为一个光学元件,不论光具组透镜焦距及透镜间的距离为何值,在表征系统成像的性质时,只需给出几个特别点(主点、节点和焦点),利用一次成像的高斯公式就可以得到所成像的位置及放大率.这几个点,统称为光具组的基点.

一、实验内容

1. 根据焦点、节点的特征,设计测量焦点与节点的实验方案(含实验光路图、实验步骤),同时设计实验数据记录表,给出这样设计的理由或优势.

2. 用 1∶1 的比例画出该透镜组(光具组)及它的基点的相对位置.

3. 将测得的实验值与理论值进行比较.

二、实验仪器(可供选择)

光学平台及附件、测节器、溴钨灯、毫米尺、测微目镜等.

参考文献

郑重声明

读者意见反馈

为收集对教材的意见建议，进一步完善教材编写并做好服务工作，读者可将对本教材的意见建议通过如下渠道反馈至我社。

咨询电话　400-810-0598

反馈邮箱　hepsci@pub.hep.cn

通信地址　北京市朝阳区惠新东街 4 号富盛大厦 1 座
　　　　　高等教育出版社理科事业部

邮政编码　100029

防伪查询说明

用户购书后刮开封底防伪涂层，使用手机微信等软件扫描二维码，会跳转至防伪查询网页，获得所购图书详细信息。

防伪客服电话

(010)58582300